JN108271

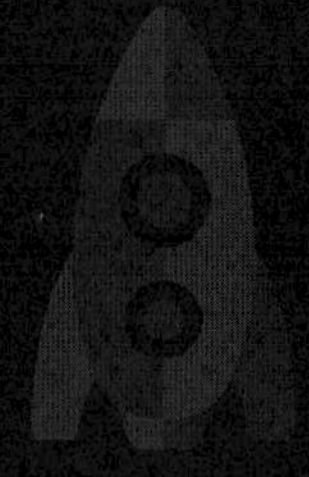

Python Testing with pytest Second Edition :
Simple, Rapid, Effective, and Scalable

テスト駆動Python

［第2版］

Brian Okken＝著　安井 力＝監修　株式会社クイープ＝監訳

本書内容に関するお問い合わせについて

このたびは翔泳社の書籍をお買い上げいただき、誠にありがとうございます。弊社では、読者の皆様からのお問い合わせに適切に対応させていただくため、以下のガイドラインへのご協力をお願い致しております。下記項目をお読みいただき、手順に従ってお問い合わせください。

●ご質問される前に

弊社 Web サイトの「正誤表」をご参照ください。これまでに判明した正誤や追加情報を掲載しています。

正誤表　https://www.shoeisha.co.jp/book/errata/

●ご質問方法

弊社 Web サイトの「刊行物 Q & A」をご利用ください。

刊行物 Q & A　https://www.shoeisha.co.jp/book/qa/

インターネットをご利用でない場合は、FAX または郵便にて、下記“翔泳社 愛読者サービスセンター”までお問い合わせください。

電話でのご質問は、お受けしておりません。

●回答について

回答は、ご質問いただいた手段によってご返事申し上げます。ご質問の内容によっては、回答に数日ないしはそれ以上の期間を要する場合があります。

●ご質問に際してのご注意

本書の対象を越えるもの、記述個所を特定されないもの、また読者固有の環境に起因するご質問等にはお答えできませんので、あらかじめご了承ください。

●郵便物送付先および FAX 番号

送付先住所 〒 160-0006 東京都新宿区舟町 5

FAX 番号 03-5362-3818

宛先 （株）翔泳社 愛読者サービスセンター

PYTHON TESTING WITH PYTEST, 2nd Edition
by Brian Okken

目　次

謝辞

最初に、妻であり親友でもある Michelle に感謝しなければなりません。私が書斎にしている部屋をお見せしたいものです。オーク材の机の上に、モニタ、キーボード、録音装置が整然と並んでいます。机の横には、年代物の書き物机があり、書類や予備のケーブル、増え続けるマイクのコレクションを隠しておけるようになっています。私の後ろにはガラス戸が付いた書棚があり、技術書や SF 小説、宇宙玩具、ジャグリングのボールが並んでいます。正面の壁は反響音を吸収するために布で覆っています（こうすると、年代物の額縁、癖のあるポスター、古い医学図がよく映えるのです)。ここを書斎にしているのは、居心地がよく私の性格を反映しているというのもありますが、Michelle が私と一緒に作った空間だからでもあります。Michelle と私はずっと 1 つのチームであり、ブログ、ポッドキャスト、pytest 本の執筆、そして同じ本の書き直しという私の突拍子もない思い付きを彼女は力強く応援してくれました。執筆、研究、録音のための時間を確保するために力になってくれたのは Michelle です。もう本当に Michelle がいなければ本書を出版することはできなかったでしょう。

私には、好奇心旺盛で聡明な Gabriella と Sophia というすばらしい娘がいます。2 人は私の最大のファンです。彼女たちは誰かとプログラミングの話をするときに、私のポッドキャストを聞いてみたらと話してくれます。Python に興味のある人がいれば、私の本を読んで、コードをもっとうまくテストする方法を学んでみたらと勧めてくれています。

感謝しなければならない方々は他にも大勢います。

編集者の Katharine Dvorak には、初版でもそれはそれは助けてもらいました。私が著者としても指導者としても成長できたのは、このプロジェクトに Katharinc がいてくれたおかげです。本版では、複雑な内容をスムーズに進めたかったので、順番を何度も入れ替えたのですが、簡単な作業ではありませんでした。Katharine が助けてくれたおかげで、本版にふさわしい、すばらしい内容になったと思います。

Dave Rankin、Tammy Coron、そして Pragmatic Bookshelf のスタッフ全員に、すばらしい出版社であり続けてくれていることに感謝します。

テクニカルレビューを担当してくれた方々は、本版に対する修正や更新の提案という形で貢献してくれました。Bob Belderbos、Oliver Bestwalter、Florian Bruhin、Floris Bruynooghe、Paul Everitt、Matt Harrison、Michael Kennedy、Matt Layman、Kelly Paredes、Raphael Pierzina、Sebastián Ramírez、Julian Sequeira、Anthony Sottile、Sean Tibor に感謝します。名前をあげた方々の多くは pytest のコアデベロッパーであり、pytest のすばらしいプラグインの管理人をしている方もいます。これらの方々からいただいた提案、方向性、ヒントは、本版をすばらしいものにするのに大きく貢献しました。

Florian Bruhin には特に感謝しています。Florian は pytest 7 のリリースと 2021 年のホリデーシーズンの真っただ中に、この第 2 版の徹底的なレビューを行うために時間を作ってくれました。本版に間違いが残っていたとしたら、それはおそらく Florian の意見に従うべきすべての場所で私がそうするのを怠ったためです。

Matt Harrison には、本版のレビューに参加してくれたことはもちろん、初めての pytest の対面授業を行う段取りを付けてくれたことに心から感謝しています。人にじかに教えるというのは貴重な体験であり、私はすっかりはまってしまいました。第 2 版は、「読者が自分の隣に座っていたとしたら、これを本当に教えるだろうか」という新たに芽生えた心の声の影響を強く受けています。対面授業では教えない内容は取り除くか、取り除かない場合は本書の後ろのほうに移動しました。

pytest-dev チーム全体に対し、このすばらしいテストツールを開発してくれたことと、この数年間にわたって pytest についての私の質問に答えてくれたことに感謝しています。本版を執筆している最中でさえ、私の理解が正しいかどうかを確認したくなるとすぐにチームのメンバにメールを送っていました。pytest-dev チームが本書を応援してくれたことに深く感謝しています。最初に pytest を作成した Holger Krekel、そして pytest を存続させ、pytest のコントリビューター環境を健全に保つために貢献している Florian Bruhin、Ran Benita、Bruno Oliveira、Ronny Pfannschmidt、Anthony Sottile、その他大勢の方々に特に感謝しています。

Python と pytest はすばらしいコミュニティであり、その一員であることを光栄に思います。ソフトウェア開発者をテスト好きにするという私の目標に対するすべての励ましと力添えに恐縮すると同時に心から感謝しています。

Paul Everitt は、初版を読んで、テストに対する姿勢が「しなくてはならないもの」から「楽しむもの」に変わったと教えてくれました。Paul はそれを「テストの喜び」とさえ呼んでいます。本版が初版に負けないものであるとよいのですが。テストに喜びを見出せることを願っています。

Brian Okken

2021 年 12 月

はじめに

Pythonがソフトウェア開発に使われるケースは増えていますが、データサイエンス、機械学習、データ解析、研究科学、金融など、他のすべての分野でもPythonが使われるようになっています。そうした多くの重要な分野でPythonが成長するに伴い、ソフトウェアテストの導入を正しく、効果的に、効率的に行うことも求められるようになっています。プログラムを正しく実行して正しい結果を生成するには、そのようなテストが必要です。それに加えて、継続的インテグレーション（CI）を導入し、テストフェーズを自動化するソフトウェアプロジェクトは増える一方です。探索的なテストを手動で行う余地がまだあるとはいえ、複雑になる一方のプロジェクトを手動で徹底的にテストすることは不可能です。ソフトウェアがリリースできる状態だという確証を得るには、CIサーバーが実行するテストをチームが信頼できなければなりません。

そこで登場するのがpytestです。pytestはあらゆる種類のソフトウェアテストにあらゆるレベルで適用できるPythonの堅牢なテストツールです。開発チームであっても、QAチームであっても、独立したテストグループであっても、テスト駆動開発（TDD）を実践している個人であっても、商用プロジェクトとオープンソースプロジェクトの両方でpytestを利用できます。実際には、MozillaやDropboxをはじめとするインターネット中のプロジェクトがunittestやnoseからpytestに切り替えています。なぜでしょうか。`assert`の書き換え、サードパーティプラグインモデル、そして他に類を見ない強力かつシンプルなフィクスチャモデルといった強力な機能をpytestが提供しているからです。

pytestが選ばれる理由

pytestはソフトウェアテストフレームワークです。つまり、あなたが書いたテストを自動的に検出し、それらのテストを実行し、結果を報告するコマンドラインツールです。pytestには、テストをより効果的に行うのに役立つ機能がひととおり揃っています。また、カスタムプラグインを記述するか、サードパーティプラグインをインストールすれば、pytestを拡張することもできます。そして、CIやWebオートメーションといった他のツールと統合するのも簡単です。

pytestがさまざまなテストフレームワークの中で傑出している理由をいくつかあげておきます。

- 単純なテストを書くのが簡単
- 複雑なテストを書くのも簡単
- pytestのテストは読みやすい

- pytest のテストは読みやすい（重要なので 2 回書きました）。
- ものの数秒で使い始めることができる
- テストでの検証に `assert` を使う（`self.assertEqual()` でも `self.assertLessThan()` でもなく、ただの `assert`）
- `unittest` または `nose` 用に書かれたテストを pytest で実行できる

pytest の開発とメンテナンスは成長を続ける情熱的なコミュニティによって精力的に行われています。pytest は拡張可能で柔軟であるため、あなたのワークフローに簡単に適応するはずです。そして、Python のバージョンから独立してインストールされるため、同じバージョンの pytest を複数のバージョンの Python で使うことができます。

サンプルアプリケーションをテストしながら pytest を学ぶ

本書では、サンプルプロジェクトに対するテストを記述しながら pytest を学びます。このプロジェクトは、本書を読んだ後にあなたがテストするアプリケーションと同じ特徴をいろいろ備えているはずです。

本書で使うサンプルアプリケーションは Cards です。Cards は最低限の機能を備えたタスク管理アプリケーションであり、コマンドラインインターフェイス（CLI）を使います。Cards には、他のさまざまな種類のアプリケーションとの共通点が十分にあります。このため、Cards に対するテストを開発しながら学んだテストの概念を現在および将来のプロジェクトにどのように応用できるかが簡単にわかると考えています。

Cards の CLI は、アプリケーションプログラミングインターフェイス（API）を使ってコードの他の部分とやり取りします。テストのほとんどは API 層に対するものになります。API 層はデータベース制御層とやり取りします。データベース制御層はドキュメントデータベース（TinyDB）とやり取りします。

これ以上ないほど洗練されたタスク管理アプリケーションとは言えませんが、テストを調べていくのに十分な複雑さを備えています。

本書の構成

本書は 3 部構成になっています。Part 1 では、pytest をインストールし、Cards プロジェクトを使って pytest の主要な機能を探っていきます。まず、単純なテスト関数をコマンドラインで実行する方法を学びます。続いて、pytest のフィクスチャを使ってセットアップコードとティアダウンコードをテスト関数から抜き出します。また、一時ディレクトリのようなテストに共通する問題を解決するために、pytest のさまざまな組み込みフィクスチャを使います。さらに、パラメータ化を使って 1 つのテストを多くのテストケースに変換する方法も学びます。そして最後に、マーカーを使ってテストの一部を実行する方法も学びます。

Part 2 では、プロジェクトのテストにまつわる現実の問題に目を向け、pytest の能力を調べていきます。まず、単純なテスト戦略プロセスを調べて、Cards プロジェクトに適用します。次に、設定ファイルなど、プロジェクトのテストに関連するテストファイル以外のファイルを調べます。さらに、カバレッジ分析を使って Cards プロジェクトのテストの穴がどこにあるのかを調べ、モックを使ってユーザーインターフェイスのテストを支援し、カバレッジの隙間を埋めます。実際には、どのテストでもコードとテストの両方のデバッグが必要になるため、テストの失敗をデバッグするのに役立つ pytest のすばらしい機能をいくつか紹介します。多くのプロジェクトは継続的インテグレーション（CI）を使います。ローカル CI システムのシミュレーションによく使われているのは tox というフレームワークです。そこで、pytest と tox の併用と pytest とホスト型 CI システムの併用を調べます。Part 2 では、Python の検索パスも調べます。Cards プロジェクトはインストール可能な Python パッケージですが、プロジェクトのテストはインストール可能なパッケージに対するものばかりではありません。そこで Part 2 の第 12 章では、どのようにして pytest にソースコードを発見させるのかを調べます。

Part 3 では、テストのレベルアップを図ります。サードパーティプラグインを使って pytest の機能を拡張する方法と、カスタムプラグインを作成する方法を学びます。また、Part 1 で学んだ内容をもとに、高度なパラメータ化の手法も学びます。

本書を読むために必要なもの

- **Python**

  本書では、Python をそれなりに使いこなせることを前提としています。Python に精通している必要はありませんが ——本書のサンプルでは、難解なことは何もしません ——Python について詳しく説明することはしません。

- **pip**

  pytest のインストールと pytest のプラグインのインストールには、`pip` を使います。`pip` について復習しておきたい場合は、付録 B を読んでください。

- **コマンドライン**

  本書の執筆と出力のキャプチャには、macOS と zsh を使っています。ただし、本書で使った zsh のコマンドは、特定のディレクトリへ移動するための `cd` と（もちろん）`pytest` だけです。`cd` は Windows の `cmd.exe` にも存在しており、筆者が知る限り、すべての Unix シェルに含まれています。このため、ターミナルアプリケーションとして何を使うとしても、すべてのサンプルを実行できるはずです。

本書を読むために必要なものは以上です。pytest を使って自動化されたソフトウェアテストを書くためにプログラミングのエキスパートである必要はありません。

なぜ第 2 版なのか

2017 年に本書の初版が出版されて以来、Python と pytest はどちらも更新されています。本書の内容には、pytest に対する以下の更新内容が反映されています。

- 新しい組み込みフィクスチャ
- 新しいフラグ
- パッケージスコープのフィクスチャの追加

Python については、以下の更新内容が反映されています。

- f 文字列と `pathlib` の導入
- データクラスの追加

また、初版の出版以降、筆者は多くの人々に pytest を教えながら、どうすればもっとよい教師になれるのかを学んできたつもりです。第 2 版では、初版で取り上げた内容をさらに拡張するだけではなく（章の数が 7 から 16 に増えています）、より漸進的で消化しやすいような構成にしています。

では、これらの新しい章には何が含まれているのでしょうか。

- **パラメータ化、マーカー、カバレッジ、モック、tox と CI**
  これらは初版でも取り上げたトピックですが、本版ではその範囲を拡大しています。パラメータ化の説明を 1 つの章にまとめ、パラメータ化の高度な手法についての説明を追加しました。マーカーについても内容をさらに掘り下げ、マーカーからフィクスチャに（何と!）データを渡す方法の例を盛り込んでいます。また、テストカバレッジ、モック、継続的インテグレーション（CI）に関する内容も掘り下げ、pytest の機能を拡張するためにカスタムプラグインを構築します。
- **テスト戦略の説明**
  初版については、pytest の使い方はよく説明されているが、「どのようなテストを書くのか」についての情報が少し足りない、という意見がありました。本版の第 7 章は、「どのようなテストを書くのか」に向かって正しく進むための第一歩です。テスト戦略を完全にカバーするとなるとそれだけで 1 冊の本になってしまいます。しかし、第 7 章を読めば、すぐに作業を開始できるでしょう。

- **Python の検索パスに関する情報**
  多くの読者から寄せられたのは、「テストコードからアプリケーションコードを参照できないが、どうしたらいいのか」という質問でした。初版では、その方法を説明していませんでした。本書のプロジェクトである Cards はインストール済みの Python パッケージであるため、この問題は発生しません。しかし、ユーザープロジェクトの多くはアプリケーションか、スクリプトか、インストール可能なパッケージではない他の何かです。第 12 章では、この問題を重点的に取り上げ、解決策を示します。

テストの失敗をデバッグする方法に関する情報は 1 つの章にまとめました。初版では、この情報があちこちに散らばっていました。納期が迫っているときにテストスイートが失敗しても、この情報が 1 つの章にまとまっていれば、答えがすぐに見つかって多少ストレスから解放されるのではないと考えています。

最後に、サンプルプロジェクトも変更されています。初版では Tasks というプロジェクトを使って pytest の使い方を説明しましたが、本版では Cards というプロジェクトを使います。これには次のような理由があります。

- 声に出して言いやすい（ぜひ試してみてください。「タスク」と 3 回言った後に「カード」と 3 回言ってみてください。どうでした?）。
- 新しいプロジェクトではコマンドライン機能に Click ではなく Typer を使っているため、プロジェクト自体が異なっている。Typer のコードのほうが読みやすい。
- プロジェクトの出力の書式設定に Rich を使っている。初版の執筆時点では、Rich は（Typer も）存在していなかった。

サンプルコードも単純化されています。初版のサンプルコードのディレクトリ構造は、プロジェクト内のテストディレクトリのそのときの状態に沿ったものになっており、プロジェクトのほとんどの部分は削除されていました。冗談抜きに、そのときはそれが合理的だと思っていたのです。本版では、プロジェクトは `cards_proj` という専用のディレクトリに格納されています。このディレクトリには、テストは含まれていません。テストコード（がある場合）は章ごとに分かれており、1 つのプロジェクトまたはローカルコードで実行できるようになっています。まじめな話、このほうがずっと内容を追いやすくなっていると思います。

サンプルコードとオンラインリソース

本書のサンプルコードの記述とテストには、Python 3.7+ (3.10を含む) とpytest 6.2/7.0を使っています。あなたがもっと新しいバージョンのpytestを使っていて、本書の内容はそのバージョンにも当てはまるのだろうかと考えているとしたら、おそらく当てはまるでしょう。pytest 7の機能を前提としている箇所もありますが、pytest 7はまだ新しいため、必要に応じてpytest 6.2との違いを明記しています。pytestの大勢のコアコントリビューターと話し合い、本書の内容がpytestの将来のバージョンでも有効であることを確認しています。また、本書のWebサイト[1]とThe Pragmatic Bookshelfの本書のページ[2]の両方にErrataページがあり、pytestの将来のバージョンや本書に関して知っておく必要がある更新内容が掲載されています。

Cardsプロジェクトのソースコードと本書に掲載されているすべてのテストのコードは、The Pragmatic Bookshelfの本書のページ[3]からダウンロードできます。テストコードを理解するためにソースコードをダウンロードする必要はありません。テストコードはそのまま利用できる形式で提供されています。ただし、本書の説明を読みながらCardsプロジェクトを試したい場合、あるいはテストサンプルを書き換えて独自のプロジェクトのテストに利用したい場合は、ソースコードをダウンロードする必要があります。

Pythonでのソフトウェアのテストの詳細については、このテーマについて解説している筆者のブログ[4]やポッドキャスト[5]をぜひチェックしてください。

筆者はプログラミングを始めて数十年ですが、pytestほどテストコードの記述が楽しくなるものは他にありませんでした。本書からいろいろなことを学んで、筆者と同じくらいテストコードが好きになってくれることを願っています。

1 `https://pythontest.com/pytest-book`
2 `https://pragprog.com/titles/bopytest2`
3 `https://pragprog.com/titles/bopytest2`
4 `https://pythontest.com`
5 `https://testandcode.com`

監修者によるまえがき

本書は 2018 年に翔泳社から刊行された Brian Okken の『テスト駆動 Python』の第 2 版です。原書の“Python Testing with pytest, Second Edition”は、The Pragmatic Programmers から、2022 年にリリースされました。第 1 版に比べて内容は大幅に増え、元からある部分も多くの加筆・修正がなされており、pytest の最新バージョン（6.2 と 7.0）にも対応しています。

本書において素晴らしいのが、新たに書き加えられた「第 7 章　戦略」です。テストというものにどう立ち向かうべきか、Python プログラマーという立場で作戦を立て、テストを書き、評価するための、基本的な考え方を紹介しています。また第 16 章では pytest の強みであるパラメータ化についても、より詳しく説明しています。

本書には多くのコード例と演習問題が含まれており、またサンプルコード一式をダウンロードできます。ぜひ手元の環境で実際にテストを実行し、テストコードを眺めたりいじったりしながら、読み進めてください。読者のみなさんにとって、本書が楽しく有益な時間を提供するよう祈っています。

やっとむ（安井力）
2022 年 7 月

PART 1
pytestの主力機能

CHAPTER 1

はじめてのpytest

リスト 1–1 はテストです。

リスト1–1：ch1/test_one.py

```
def test_passing():
    assert (1, 2, 3) == (1, 2, 3)
```

とても単純なコードに見えます。たしかに単純ですが、実はいろいろなことが起こっています。この test_passing という関数の名前は test_で始まっていて、test_で始まる名前のファイルに格納されています。このため、pytest によってテスト関数として検出されます。そしてテストを実行すると、assert 文がテストの成否を判断します。assert は Python に組み込まれているキーワードであり、assert の後に続く式が False と評価された場合に AssertionError 例外を発生させます。捕捉されなかった例外が 1 つでもあれば、そのテストは失敗します。捕捉されなかった例外がどのようなタイプのものであってもテストは失敗しますが、assert が生成する AssertionError に基づいてテストの成否を判断するのが伝統的なやり方です。

詳細は後ほど説明するとして、まず、テストをコマンドラインで実行したらどうなるのか見てもらうことにします。このテストを実行するには、pytest のインストールが必要です。さっそくインストールしてみましょう。

1.1 pytestをインストールする

pytest は公式 Web サイト[1] で管理されており、公式ドキュメントも同じサイトで提供されています。しかし、pytest の配布は PyPI (Python Package Index) [2] が行っています。

PyPI で配布されている他の Python パッケージと同様に、テストに使っている仮想環境に pytest をインストールするには、pip を使います。

[1] https://pytest.org

[2] https://pypi.org/project/pytest

```
$ python3 -m venv venv
$ source venv/bin/activate
(venv) $ pip install pytest
```

コマンドプロンプトの前に追加されている (venv) は、仮想環境を使っているという目印のようなものです。これ以降の例では、常に仮想環境を使います。ただし、少し見やすくするために、ページ上では (venv) を省いています。また、本書では常に python3 を使いますが、これも単に python にしています。

venv や pip に詳しくない場合は、付録 A と付録 B で取り上げているので参考にしてください。

Column

Windows について

先の venv と pip の例は、Linux や macOS をはじめとする多くの POSIX システムと、Python 3.7 以降の大半のバージョンでうまくいくはずです。source venv/bin/activate は、Windows ではうまくいきません。cmd.exe では、代わりに venv¥Scripts¥activate.bat を使ってください。

```
C:¥>python -m venv venv
C:¥>venv¥Scripts¥activate.bat
C:¥>pip install pytest
```

PowerShell では、代わりに venv¥Scripts¥Activate.ps1 を使います。

```
PS C:¥>python -m venv venv
PS C:¥>venv¥Scripts¥Activate.ps1
PS C:¥>pip install pytest
```

Column

virtualenv について

Linux の一部のディストリビューションでは、virtualenv を使う必要があります。なお、さまざまな理由で virtualenv のほうを使う人もいます。

```
$ python3 -m pip install virtualenv
$ python3 -m virtualenv venv
$ source venv/bin/activate
(venv) $ pip install pytest
```

1.2 pytest を実行する

pytest をインストールしたら、test_passing() を実行できます。このテストを実行すると、次のような出力が表示されます。

```
$ cd <code/ch1 へのパス>
$ pytest test_one.py
========================= test session starts ==========================
collected 1 item

test_one.py .                                                    [100%]

========================== 1 passed in 0.01s ===========================
```

test_one.py の後ろにあるドット（.）は、テストが 1 つ実行され、成功（パス）したことを意味します。[100%] はテストスイートが完了した割合を表します。このテストセッションのテストは 1 つだけなので、このテストがテスト全体の 100%を占めています。さらに詳しい情報が必要な場合は、-v または--verbose を指定できます。

```
$ pytest -v test_one.py
========================= test session starts ==========================
collected 1 item

test_one.py::test_passing PASSED                                 [100%]

====================== 1 passed in 0.00 seconds =======================
```

ターミナルがカラーであれば、PASSED と一番下の二重線が緑で表示されます。わかりやすいですね。

失敗するテストも見てみましょう。

リスト1-2：ch1/test_two.py

```
def test_failing():
    assert (1, 2, 3) == (3, 2, 1)
```

テストが失敗するときのようすは、開発者が pytest を愛してやまない理由の 1 つです。さっそくテストを失敗させてみましょう。

```
$ pytest test_two.py
========================= test session starts ==========================
collected 1 item
```

```
test_two.py F                                                    [100%]

=============================== FAILURES ===============================
_____________________________ test_failing _____________________________

    def test_failing():
>       assert (1, 2, 3) == (3, 2, 1)
E       assert (1, 2, 3) == (3, 2, 1)
E         At index 0 diff: 1 != 3
E         Use -v to get the full diff

test_two.py:2: AssertionError
======================= short test summary info ========================
FAILED test_two.py::test_failing - assert (1, 2, 3) == (3, 2, 1)
========================= 1 failed in 0.03s ==========================
```

どうでしょう。テストが失敗した場合は、なぜ失敗したのかが test_failing という別のセクションに表示されます。そして、この初めての失敗がインデックス 0 の不一致によるものであることがわかります。ターミナルがカラーなら、出力の大部分が赤で表示されるため、いやでも目立ちます。この追加のセクションには、テストが失敗した正確な場所とその周囲のコードが表示されます。このセクションを**トレースバック**（traceback）と呼びます。

すでに多くの情報が手に入りましたが、Use -v to get the full diff という行が表示されています。つまり、「どこが違っているのかを完全に知りたければ-v を使ってください」とわざわざ教えてくれています。せっかくなので試してみましょう。

```
$ pytest -v test_two.py
========================= test session starts ==========================
collected 1 item

test_two.py::test_failing FAILED                                 [100%]

=============================== FAILURES ===============================
_____________________________ test_failing _____________________________

    def test_failing():
>       assert (1, 2, 3) == (3, 2, 1)
E       assert (1, 2, 3) == (3, 2, 1)
E         At index 0 diff: 1 != 3
E         Full diff:
E         - (3, 2, 1)
E         ?  ^     ^
```

```
E         + (1, 2, 3)
E         ?  ^     ^

test_two.py:2: AssertionError
======================= short test summary info ========================
FAILED test_two.py::test_failing - assert (1, 2, 3) == (3, 2, 1)
========================== 1 failed in 0.03s ===========================
```

どこが違っているのかをピンポイントで示すキャレット（^）が追加されています。

pytest test_one.py コマンドと pytest test_two.py コマンドを使って pytest を実行した結果、pytest にファイル名を渡すとそのファイルに含まれているテストが実行されることがわかりました。他の方法も試してみましょう。

pytest を実行するときには、ファイルやディレクトリを指定することができます。ファイルやディレクトリを指定しない場合は、現在の作業ディレクトリとそのサブディレクトリで pytest がテストを検索します。pytest が検索するのは、名前が test_で始まる.py ファイルか、_test で終わる.py ファイルです。ch1 ディレクトリへ移動して、パラメータを指定せずに pytest を実行してみてください。そうすると、ファイル 2 つ分のテストが実行されるはずです。

```
$ pytest --tb=no
========================= test session starts ==========================
collected 2 items

test_one.py .                                                    [ 50%]
test_two.py F                                                    [100%]

======================= short test summary info ========================
FAILED test_two.py::test_failing - assert (1, 2, 3) == (3, 2, 1)
===================== 1 failed, 1 passed in 0.03s ======================
```

なお、この段階では詳細な出力は必要ないため、--tb=no フラグを使ってトレースバックをオフにしています。本書では、この他にもさまざまなコマンドラインフラグを使います。

また、同じ 2 つのテストを実行する方法として、ファイル名を指定する方法と、ディレクトリ名を指定する方法があります。

```
$ pytest --tb=no test_one.py test_two.py
========================= test session starts ==========================
collected 2 items

```

```
test_one.py .                                                    [ 50%]
test_two.py F                                                    [100%]

====================== short test summary info =======================
FAILED test_two.py::test_failing - assert (1, 2, 3) == (3, 2, 1)
==================== 1 failed, 1 passed in 0.03s =====================

$ cd ..
$ pytest --tb=no ch1
======================== test session starts =========================
collected 2 items

ch1/test_one.py .                                                [ 50%]
ch1/test_two.py F                                                [100%]

====================== short test summary info =======================
FAILED ch1/test_two.py::test_failing - assert (1, 2, 3) == (3, 2, 1)
==================== 1 failed, 1 passed in 0.04s =====================
```

さらに、ファイル名に::test_<name>を追加して、テストファイル内のテスト関数を実行することもできます。

```
$ pytest -v ch1/test_one.py::test_passing
======================== test session starts =========================
collected 1 item

ch1/test_one.py::test_passing PASSED                             [100%]

========================= 1 passed in 0.00s ==========================
```

● テストディスカバリ

pytest の実行のうち、実行するテストを検索する部分を**テストディスカバリ**（test discovery）と呼びます。実行したいテストを pytest がすべて検出できたのは、それらのテストに pytest の命名規則に準拠した名前が付いていたためです。

pytest を引数なしで実行すると、現在のディレクトリとすべてのサブディレクトリでテストファイルが検索され、検出されたテストコードが実行されます。pytest にファイル名、ディレクトリ名、またはそれらのリストを指定する場合は、現在のディレクトリの代わりにそれらが参照されます。コマンドラインで指定したディレクトリはそれぞれ、そのすべてのサブディレクトリとともに、テストコードの検索に使われます。

次に、pytest がテストコードを検出できるようにするための命名規則を簡単にまとめておきます[3]。

- テストファイルの名前は `test_<something>.py` または`<something>_test.py`という形式にする。
- テストメソッドやテスト関数の名前は `test_<something>`という形式にする。
- テストクラスの名前は `Test<Something>`という形式にする。

ここまでのテストファイルやテスト関数には `test_`で始まる名前が付いているため、合格です。なお、このルールに従わない名前が付いたテストが山ほどある場合は、テストディスカバリのルールのほうを変更するという手もあります。この点については、第 8 章で説明します。

● テストの結果

これまでのところ、1 つのテストが成功していて、1 つのテストが失敗しています。しかし、次に示すように、成功と失敗だけがテストの結果ではありません。

- **PASSED**（`.`）
  テストが正常に実行されたことを意味します。
- **FAILED**（`F`）
  テストが正常に実行されなかったことを意味します。
- **SKIPPED**（`s`）
  このテストがスキップされたことを意味します。pytest にテストをスキップさせるには、`@pytest.mark.skip()` または`@pytest.mark.skipif()` を使います。具体的な方法については、第 6 章の 6.2 節で説明します。
- **XFAIL**（`x`）
  失敗するはずのテストが実行され、想定どおりに失敗したことを意味します。テストが失敗すると想定されていることを pytest に教えるには、`@pytest.mark.xfail()` を使います。このマーカーについては、第 6 章の 6.4 節で説明します。
- **XPASS**（`X`）
  `xfail` マーカーが付いたテストの実行が想定に反して成功したことを意味します。
- **ERROR**（`E`）
  例外がテスト関数の実行中ではなくフィクスチャまたはフック関数の実行中に発

---

[3] **監注**：テスト関数やメソッド、テストクラスの名前には、日本語も使える。その場合でも、`test_<なんとか>`、`Test<なんとか>`のようにする必要がある。

生したことを意味します。フィクスチャについては第 3 章、フック関数については第 15 章で説明します。

1.3 ここまでの復習

お疲れさまでした! 本章では、すでにいろいろなことを行いました。このまま順調にいけば、pytest を短期間でマスターできそうです。本章で学んだ内容をざっとおさらいしておきましょう。

- pytest を仮想環境にインストールする手順は次のとおり。
    1. `python -m venv venv`
    2. `source venv/bin/activate`
       (Windows では、`venv¥Scripts¥activate.bat` または `venv¥Scripts¥Activate.ps1`)
    3. `pip install pytest`
- pytest は何種類かの方法で実行できる。
    - `pytest`
      引数を指定しない場合は、ローカルディレクトリとサブディレクトリでテストを検索
    - `pytest <ファイル名>`
      指定された 1 つのファイルに含まれているテストを実行
    - `pytest <ファイル名> <ファイル名> ...`
      指定された複数のファイルに含まれているテストを実行
    - `pytest <ディレクトリ名>`
      指定された（1 つまたは複数の）ディレクトリでテストを再帰的に検索
- テストディスカバリとは、pytest が次の命名規則に従ってテストコードを検出する方法のことである。
    - テストファイルの名前は `test_<something>.py` または `<something>_test.py` という形式でなければならない。
    - テストメソッドやテスト関数の名前は `test_<something>` という形式でなければならない。
    - テストクラスの名前は `Test<Something>` という形式でなければならない。
- テスト関数の結果は、PASSED (.)、FAILED (F)、SKIPPED (s)、XFAIL (x)、XPASS

(X)、ERROR (E) の 6 種類である。

- より詳細な出力が必要な場合は、コマンドラインフラグ`-v`または`--verbose`を使う。
- トレースバックをオフにする場合は、コマンドラインフラグ`--tb=no`を使う。

1.4 練習問題

本章および本書のこれ以降の内容は、読者が自力で読み解けることを目標として構成されています。章末の練習問題を解けば、各章で学んだ内容をしっかり理解するのに役立つはずです。1 問あたり数分で解けるようになっています。

以下の練習問題には、次の 3 つの目的があります。

- 仮想環境に慣れる。
- pytest を確実にインストールできる。
- テストファイル作成し、さまざまな種類の`assert`文を使うことができる。

pytest を利用すれば、基本的なテストをすばやく記述できます。自分の力だけでテストがさくさく書けることがわかれば、楽しくなってくるはずです。実際、テストは楽しいはずです。今のうちからテストコードの使い方を覚えておけば、テストを書くことに対する不安の芽を摘んでおくことができます。

また、pytest をインストールしたり実行したりするときに問題が起こることもあります。そうした問題についても今のうちから知っておく必要があります。そうしないと、これ以降の内容がちっとも楽しくなくなります。

1. `python -m virtualenv`または`python -m venv`を使って新しい仮想環境を作成してください。現在取り組んでいるプロジェクトでは仮想環境がいらないことがわかっている場合でも、筆者に免じて、本書のコードを試してみるための仮想環境を実際に作ってみてください。筆者はかなり前から仮想環境を使うことにこだわっており、今では常に仮想環境を使っています。うまくいかない場合は、付録 A を参照してください。
2. 仮想環境のアクティブ化とアクティブ化解除を何度か試してください。

```
【Windows 以外】
$ source venv/bin/activate
$ deactivate

【Windows】
C:¥>venv¥scripts¥activate.bat
C:¥>venv¥scripts¥Activate.ps1      (PowerShell の場合)
C:¥>deactivate
```

3. 新しい仮想環境に pytest をインストールしてください。うまくいかない場合は、付録 B を参照してください。pytest がすでにインストール済みであっても、ここで作成した仮想環境に pytest をインストールする必要があります。
4. 新しいテストファイルをいくつか追加してください。テストファイルは本章のものを使うか、独自に作成してください。それらのファイルに対して pytest を実行してください。
5. assert 文を変更してください。assert something == something_else だけではなく、次のような使い方を試してください。
    - assert 1 in [2, 3, 4]
    - assert a < b
    - assert 'fizz' not in 'fizzbuzz'

1.5 次のステップ

本章では、pytest を取得する方法、pytest をインストールする方法、そして pytest を実行するためのさまざまな方法を確認しました。しかし、テスト関数の内容については説明しませんでした。次章では、テスト関数を作成する方法と、テストをクラス、モジュール、ディレクトリにまとめる方法を調べることにします。

CHAPTER 2

テスト関数を書く

前章では、pytest をインストールして実際に実行してみました。そして、pytest をファイルやディレクトリに対してどのように実行するのかを確認しました。本章では、Python パッケージをテストするためのテスト関数の書き方を学びます。本章の内容のほとんどは、pytest で Python パッケージ以外のものをテストする場合にも当てはまります。

ここで作成するのは、タスク管理を行う Cards という単純なコマンドラインアプリケーションのテストです。テストで `assert` を使う方法、想定外の例外に対処する方法、そして想定内の例外をテストする方法を調べます。

最終的に多くのテストを書くことになるため、それらのテストをクラス、モジュール、ディレクトリにまとめる方法も調べることにします。

2.1 サンプルアプリケーションをインストールする

ここで書くテストコードはアプリケーションコードを実行できるものでなければなりません。「アプリケーションコード」とは、ここで検証するコードのことです。アプリケーションコードは、本番コード、アプリケーション、テスト対象のコード（CUT）、テスト対象のシステム（SUT）、テスト対象のデバイス（DUT）など、いろいろな名前で呼ばれています。本書では、それらのコードをテストコードと区別する必要がある場合に、「アプリケーションコード」という表現を使うことにします[1]。

「テストコード」とは、アプリケーションコードをテストするために書くコードのことです。アプリケーションコードとは対照的に、「テストコード」は曖昧さがほとんどない表現であり、「テストコード」以外の名前で呼ばれることはほとんどありません。

この場合、アプリケーションコードは Cards プロジェクトです。Cards プロジェクトはインストール可能な Python パッケージであり、このプロジェクトをテストするにはインストールする必要があります。Cards プロジェクトをインストールすると、コマンドラインでいろいろ試せるようになります。テストするコードがインストール可能な Python パッケージではない場合は、そのコードを他の方法でテストに認識させる必要があります。

1 **監注**：日本では「プロダクトコード」と呼ばれることもある。

それらの方法については、第 12 章で説明します。

Cards プロジェクトのソースコードをまだダウンロードしていない場合は、本書の Web ページ[2] からダウンロードできます。Cards プロジェクトをダウンロードしたら、作業しやすく、あとから見つけやすい場所で展開してください。これ以降は、コードを展開した場所を`<code へのパス>`で示すことにします。Cards プロジェクトは`<code/cards_proj へのパス>`、本章のテストは`<code/ch2 へのパス>`にあります。

仮想環境については、前章と同じものを使うか、章ごとに新たに作成するか、本書全体で 1 つの仮想環境を使うことができます。ここでは、`<code へのパス>`レベルで仮想環境を 1 つ作成し、別の仮想環境が必要になるまでそれを使うことにします。

```
$ cd <code へのパス>
$ python -m venv venv
$ source venv/bin/activate
```

仮想環境を起動したら、cards_proj アプリケーションをローカルにインストールします。./cards_proj/の先頭にある./は、pip に PyPI ではなくローカルディレクトリからインストールを実行させるためのものです。

```
(venv) $ pip install ./cards_proj/
Processing ./cards_proj
......
Successfully built cards
Installing collected packages: cards
Successfully installed cards
```

ついでに pytest もインストールしておきましょう。

```
(venv) $ pip install pytest
```

なお、仮想環境を新たに作成するたびに、pytest を含め、必要なものをすべてインストールする必要があります。

これ以降はすべての作業を仮想環境で行いますが、ページを見やすく保つために、コマンドプロンプトを (venv) $ではなく$だけにしています。

cards アプリケーションを起動して、少しいじってみましょう。

2 https://pragprog.com/titles/bopytest2/source_code

```
$ cards add do something --owner Brian
$ cards add do something else
$ cards

  ID   state   owner   summary
 ──────────────────────────────────────────────────
  1    todo    Brian   do something
  2    todo            do something else

$ cards update 2 --owner Brian
$ cards

  ID   state   owner   summary
 ──────────────────────────────────────────────────
  1    todo    Brian   do something
  2    todo    Brian   do something else

$ cards start 1
$ cards finish 1
$ cards start 2
$ cards

  ID   state     owner   summary
 ──────────────────────────────────────────────────
  1    done      Brian   do something
  2    in prog   Brian   do something else

$ cards delete 1
$ cards

  ID   state     owner   summary
 ──────────────────────────────────────────────────
  2    in prog   Brian   do something else
```

これらの例から、カード（TODO アイテム）に対して add、update、start、finish、delete の 5 つのコマンドを実行できることと、コマンドを指定せずに実行するとカードが一覧表示されることがわかります。

これでテストを作成する準備ができました。

2.2 テストを書きながら学ぶ

Cards アプリケーションのソースコードは、CLI、API、DB の 3 つの層に分かれています。CLI 層はユーザーとのやり取りを受け持つ層であり、API 層を呼び出します。このアプリケーションのロジックのほとんどを処理するのは API 層であり、DB 層（データベース）を呼び出してアプリケーションデータの保存と取り出しを行います。このアプリケーションの構造については、第7章の7.2節で詳しく調べることにします。

CLIとAPI間の情報のやり取りには、Cardというデータクラスを使います（リスト2-1）。

リスト2-1：cards_proj/src/cards/api.py

```
@dataclass
class Card:
    summary: str = None
    owner: str = None
    state: str = "todo"
    id: int = field(default=None, compare=False)

    @classmethod
    def from_dict(cls, d):
        return Card(**d)
    def to_dict(self):
        return asdict(self)
```

データクラスはPython 3.7で追加された機能ですが[3]、まだ使ったことがない人もいるでしょう。Cardクラスには、summary、owner、stateの3つの文字列型のフィールドと、idという整数型のフィールドがあります。summary、owner、idのデフォルト値はNoneであり、stateのデフォルト値は"todo"です。idフィールドでは、2つのCardオブジェクトが等しいかどうかを比較するときにidフィールドが使われないようにするために、fieldメソッドを使ってcompare=Falseも指定しています。もちろん、この部分も他の部分と同じようにテストすることになります。また、便利さと明確さに配慮してメソッドを2つ追加しています。Card(**d)とdataclasses.asdict()は少し読みにくいので、代わりにfrom_dict()とto_dict()を使えるようにしてあります。

新しいデータ構造に直面したときには、簡単なテストを書いてみると、その仕組みを理解するのに役立つことがよくあります。そこで、この構造の仕組みを理解できているかどうかを確認するテストを作成してみましょう（リスト2-2）。

リスト2-2：ch2/test_card.py

```
from cards import Card

def test_field_access():
    c = Card("something", "brian", "todo", 123)
    assert c.summary == "something"
    assert c.owner == "brian"
```

[3] https://docs.python.org/3/library/dataclasses.html

```
    assert c.state == "todo"
    assert c.id == 123

def test_defaults():
    c = Card()
    assert c.summary is None
    assert c.owner is None
    assert c.state == "todo"
    assert c.id is None

def test_equality():
    c1 = Card("something", "brian", "todo", 123)
    c2 = Card("something", "brian", "todo", 123)
    assert c1 == c2

def test_equality_with_diff_ids():
    c1 = Card("something", "brian", "todo", 123)
    c2 = Card("something", "brian", "todo", 4567)
    assert c1 == c2

def test_inequality():
    c1 = Card("something", "brian", "todo", 123)
    c2 = Card("completely different", "okken", "done", 123)
    assert c1 != c2

def test_from_dict():
    c1 = Card("something", "brian", "todo", 123)
    c2_dict = {
        "summary": "something",
        "owner": "brian",
        "state": "todo",
        "id": 123,
    }
    c2 = Card.from_dict(c2_dict)
    assert c1 == c2

def test_to_dict():
    c1 = Card("something", "brian", "todo", 123)
    c2 = c1.to_dict()
    c2_expected = {
        "summary": "something",
        "owner": "brian",
        "state": "todo",
        "id": 123,
    }
    assert c2 == c2_expected
```

さっそく実行してみましょう。

```
$ cd <code/ch2 へのパス>
$ pytest test_card.py
========================= test session starts ==========================
collected 7 items

test_card.py .......                                             [100%]

========================== 7 passed in 0.04s ===========================
```

最初は、テストを 1 つだけにしてもよかったのですが、これだけのテストをすばやく簡潔に書けるというのを見てもらうのも悪くないと考えました。これらのテストの目的は、データ構造の使い方を具体的に示すことにあります。これらのテストは包括的なものではありません。つまり、エッジケースやエラーケースを調べたり、データ構造を破壊できる方法を調べたりしていません。また、でたらめな数字や負の数字を ID として渡したらどうなるか、あるいはばかでかい文字列を渡したらどうなるかも試していません。これらのテストの目的はそういうことではありません。

これらのテストの目的は、この構造の仕組みを理解できているかどうかをチェックすることと、その知識を他の人や未来の自分のために文書化することにあります。このように、自分が理解できているかどうかをチェックするために、そして実際にアプリケーションコードを試してみるための手段としてテストを使ったときの効果は抜群です。そして、最初はこのように考えれば、テストをもっと楽しめる人が増えるだろうと考えています。

また、これらのテストでは何の変哲もない `assert` 文を使っています。次は、これらの `assert` 文を調べてみましょう。

2.3 assert 文を使う

テスト関数を書くときにテストが失敗したことを伝える主な手段となるのは、Python の通常の `assert` 文です。pytest では、この部分の単純さが際立っています。多くの開発者が他のフレームワークではなく pytest を使うのもうなずけます。

他のテストフレームワークを使ったことがあれば、さまざまな `assert` ヘルパー関数を見てきたはずです。表 2-1 に示すのは、`assert` のさまざまな形式とそれらの形式に相当する unittest の `assert` ヘルパー関数からの抜粋です。

表2-1：assert の形式と assert ヘルパー関数（抜粋）

pytest	unittest
`assert something`	`assertTrue(something)`
`assert not something`	`assertFalse(something)`
`assert a == b`	`assertEqual(a, b)`
`assert a != b`	`assertNotEqual(a, b)`
`assert a is None`	`assertIsNone(a)`
`assert a is not None`	`assertIsNotNone(a)`
`assert a <= b`	`assertLessEqual(a, b)`
`......`	`......`

pytest では、`assert <式>`文で任意の式を使うことができます。`bool` 値に変換される式が `False` と評価された場合、そのテストは失敗します。

pytest には、「`assert` の書き換え」と呼ばれる機能があります。この機能は、`assert` の呼び出しをインターセプトし、アサーションが失敗した理由をさらに詳しく説明できる何かに置き換えます。この書き換えがいかに便利であるかを確認するために、失敗するテストのアサーションを見てみましょう（リスト 2-3）。

リスト2-3：ch2/test_card_fail.py

```
from cards import Card

def test_equality_fail():
    c1 = Card("sit there", "brian")
    c2 = Card("do something", "okken")
    assert c1 == c2
```

このテストは失敗しますが、興味深いのはそのトレースバック情報です。

```
$ pytest test_card_fail.py
======================== test session starts =========================
collected 1 item

test_card_fail.py F                                              [100%]

============================== FAILURES ==============================
__________________________ test_equality_fail __________________________

    def test_equality_fail():
        c1 = Card("sit there", "brian")
        c2 = Card("do something", "okken")
>       assert c1 == c2
E       AssertionError: assert Card(summary=...odo', id=None) ==
                               Card(summary=...odo', id=None)
```

```
E
E         Omitting 1 identical items, use -vv to show
E         Differing attributes:
E         ['summary', 'owner']
E
E         Drill down into differing attribute summary:
E           summary: 'sit there' != 'do something'...
E
E         ...Full output truncated (8 lines hidden),
          use '-vv' to show

test_card_fail.py:7: AssertionError
====================== short test summary info =========================
FAILED test_card_fail.py::test_equality_fail - AssertionError...
========================= 1 failed in 0.07s ============================
```

これはまた大量の情報ですね。失敗しているテストごとにエラーの原因となった正確な行が>プロンプトで表示されています[4]。E で始まる行には、AssertionError に関する情報がさらに表示されており、何がうまくいかなかったのかを突き止めるのに役立ちます。

test_equality_fail() には、2 つの不一致が意図的に仕込まれていますが、この出力に示されているのは 1 つ目の不一致だけです。せっかくエラーメッセージが提案してくれているので、-vv フラグを使ってもう一度試してみましょう。

```
$ pytest -vv test_card_fail.py
======================== test session starts ===========================
collected 1 item

test_card_fail.py::test_equality_fail FAILED                     [100%]

============================== FAILURES ================================
__________________________ test_equality_fail __________________________

    def test_equality_fail():
        c1 = Card("sit there", "brian")
        c2 = Card("do something", "okken")
>       assert c1 == c2
E       AssertionError: assert
            Card(summary='sit there', owner='brian',
                state='todo', id=None) ==
            Card(summary='do something', owner='okken',
```

4 **監注**：メッセージは丁寧だが、大量の英文なので読み飛ばしたくなることもあるだろう。だが、有用な情報が含まれているので、踏ん張って目を通すことをお勧めする。見慣れれば、どんなときに出るメッセージなのか一目でわかるようになるだろう。

```
                state='todo', id=None)
E
E           Matching attributes:
E           ['state']
E           Differing attributes:
E           ['summary', 'owner']
E
E           Drill down into differing attribute summary:
E             summary: 'sit there' != 'do something'
E             - do something
E             + sit there
E
E           Drill down into differing attribute owner:
E             owner: 'brian' != 'okken'
E             - okken
E             + brian

test_card_fail.py:7: AssertionError
======================= short test summary info ========================
FAILED test_card_fail.py::test_equality_fail - AssertionError: ...
========================== 1 failed in 0.07s ===========================
```

文句なしにすばらしいですね。pytest は、一致したのがどの属性で、一致しなかったのがどの属性であるかを明らかにすると同時に、その不一致がどこで起きているのかを正確に示しています。

この例では、等しいかどうかのアサーションでのみ assert 文を使いました。pytest の Web サイト[5] には、さまざまな assert 文とすばらしいトレースバック情報が掲載されているので、ぜひチェックしてください。

参考までに、AssertionError に対する Python のデフォルトの出力を調べてみましょう。リスト 2-4 に示すように、ファイルの最後に if __name__ == '__main__' ブロックを追加した上で test_equality_fail() を呼び出すと、(pytest からではなく) Python から直接テストを実行できます。

リスト2-4：ch2/test_card_fail.py

```
if __name__ == "__main__":
    test_equality_fail()
```

if __name__ == '__main__' は、ファイルとして起動されたときにはコードを実行し、インポートされたときにはコードを実行しないようにする手っ取り早い方法です。Python はモジュールをインポートするときに__name__をモジュールの名前（ファイル名から.py

5 https://doc.pytest.org/en/latest/example/reportingdemo.html

を省いたもの）に置き換えます。しかし、このファイルを python file.py で実行すると、Python は__name__を"__main__"という文字列に置き換えます。

このテストを通常の Python で実行したときの出力は次のようになります。

```
$ python test_card_fail.py
Traceback (most recent call last):
  File "<code/ch2 へのパス>/test_card_fail.py", line 11, in <module>
    test_equality_fail()
  File "<code/ch2 へのパス>/test_card_fail.py", line 7, in test_equality_fail
    assert c1 == c2
AssertionError
```

あまり十分な情報ではありません。pytest なら、AssertionError の理由についてもっと多くの情報を提供してくれます。

テストコードのテストが失敗する主な理由は AssertionError です。しかし、テストが失敗する理由はそれだけではありません。

2.4 pytest.fail() と例外でテストを失敗させる

捕捉されない例外が 1 つでもあれば、テストは失敗します。たとえば、次のような場合です。

- assert 文が失敗したために AssertionError 例外が発生する。
- テストコードが pytest.fail() を呼び出したために例外が発生する。
- その他の例外が発生する。

例外ならどのようなものでもテストを失敗させることができますが、筆者がよく使っているのは assert です。まれに assert が適していないケースもありますが、そのような場合は pytest.fail() を使います。

pytest の fail 関数を使ってテストを明示的に失敗させる例を見てみましょう（リスト 2-5）。

リスト2-5：ch2/test_alt_fail.py

```
import pytest
from cards import Card

def test_with_fail():
    c1 = Card("sit there", "brian")
    c2 = Card("do something", "okken")
```

```
    if c1 != c2:
        pytest.fail("they don't match")
```

出力は次のようになります。

```
$ pytest test_alt_fail.py
========================= test session starts ==========================
collected 1 item

test_alt_fail.py F                                                [100%]

============================= FAILURES =================================
_______________________________ test_with_fail _________________________

    def test_with_fail():
        c1 = Card("sit there", "brian")
        c2 = Card("do something", "okken")
        if c1 != c2:
>           pytest.fail("they don't match")
E           Failed: they don't match

test_alt_fail.py:9: Failed
======================= short test summary info ========================
FAILED test_alt_fail.py::test_with_fail - Failed: they don't match
========================== 1 failed in 0.16s ===========================
```

pytest.fail() を呼び出したとき、あるいは例外を直接発生させたときには、残念ながら pytest による assert の書き換えは行われません。しかし、次に示すアサーションヘルパーなど、pytest.fail() を使うのが妥当なケースも存在します。

2.5 アサーションヘルパー関数を書く

アサーションヘルパー（assertion helper）は、複雑なアサーションチェックの作成に使われる関数です。たとえば、Card データクラスは 2 つのカードの ID が違っていてもそれらを同じものとして報告するように設定されています。より厳格なチェックを行いたい場合は、リスト 2-6 に示すような assert_identical ヘルパー関数を作成するという手があります。

リスト2-6：ch2/test_helper.py

```
from cards import Card
import pytest


def assert_identical(c1: Card, c2: Card):
```

```
    __tracebackhide__ = True
    assert c1 == c2
    if c1.id != c2.id:
        pytest.fail(f"id's don't match. {c1.id} != {c2.id}")

def test_identical():
    c1 = Card("foo", id=123)
    c2 = Card("foo", id=123)
    assert_identical(c1, c2)

def test_identical_fail():
    c1 = Card("foo", id=123)
    c2 = Card("foo", id=456)
    assert_identical(c1, c2)
```

assert_identical 関数では、__tracebackhide__を True にしています。この設定は必須ではなく、失敗するテストがこの関数をトレースバックに追加しないようにするためのものです。続いて、通常の assert c1 == c2 を使って、ID 以外のフィールドがすべて等しいかどうかをチェックしています。

そして最後に ID をチェックします。ID が同じではない場合は pytest.fail() を使ってテストを失敗させ、参考になりそうなメッセージを表示します。

このテストを実行したらどうなるか見てみましょう。

```
$ pytest test_helper.py
========================= test session starts ==========================
collected 2 items

test_helper.py .F                                                 [100%]

=============================== FAILURES ===============================
_________________________ test_identical_fail __________________________

    def test_identical_fail():
        c1 = Card("foo", id=123)
        c2 = Card("foo", id=456)
>       assert_identical(c1, c2)
E       Failed: id's don't match. 123 != 456

test_helper.py:21: Failed
======================= short test summary info ========================
FAILED test_helper.py::test_identical_fail - Failed: id's don't match...
===================== 1 failed, 1 passed in 0.15s ======================
```

__tracebackhide__ = True を指定していなかったとしたら、assert_identical() のコードがトレースバックに含まれていたはずです。この場合は、このコードがトレースバックに含まれていたからといって明確さが増すことはなかったでしょう。また、`assert c1.id == c2.id, "id's don't match."`でもほぼ同じ効果が得られますが、ここでは`pytest.fail()`の使い方を見てもらいたいと考えました。

`assert`の書き換えが適用されるのは、`conftest.py`ファイルとテストファイルだけです。詳細については、pytestのドキュメント[6]を参照してください。

2.6 想定される例外をテストする

例外はどのようなものでもテストを失敗させる可能性があると説明しましたが、テストしているコードで例外が発生すると想定されている場合はどうするのでしょうか。そのことをどのようにしてテストするのでしょうか。

想定されている例外をテストするには、`pytest.raises()`を使います。

たとえば、CardsプロジェクトのAPIには、パス引数を要求する`CardsDB`クラスが定義されています。このクラスにパスを渡さなかった場合はどうなるのでしょうか。実際に試してみましょう（リスト2-7）。

リスト2-7：ch2/test_experiment.py

```
import cards

def test_no_path_fail():
    cards.CardsDB()
```

このテストを実行すると、次のようになります。

```
$ pytest --tb=short test_experiment.py
======================== test session starts =========================
collected 1 item

test_experiment.py F                                            [100%]

============================== FAILURES ==============================
__________________________ test_no_path_fail _________________________

test_experiment.py:5: in test_no_path_fail
    cards.CardsDB()
E   TypeError: __init__() missing 1 required positional argument: 'db_path'

====================== short test summary info =======================
```

6 https://docs.pytest.org/en/latest/how-to/assert.html#assertion-introspection-details

```
FAILED test_experiment.py::test_no_path_fail - TypeError: __init__() ...
========================= 1 failed in 0.06s ==========================
```

--tb=short を指定してトレースバックを短くしているのは、発生した例外を突き止めるために完全なトレースバックを調べる必要はないからです。

TypeError 例外が発生するのは CardsDB 型を初期化しようとしたときなので、この例外は妥当に思えます。そこで、この例外が発生したことを確認するリスト 2–8 のようなテストを作成します。

リスト2–8：ch2/test_exceptions.py

```
import pytest
import cards

def test_no_path_raises():
    with pytest.raises(TypeError):
        cards.CardsDB()
```

with pytest.raises(TypeError):文は、次のコードブロックの何かが TypeError 例外を発生させるはずであることを意味します。この例外が発生しない場合、このテストは失敗します。また、指定したものとは異なる例外が発生した場合もテストは失敗します。

test_no_path_raises() では例外の型をチェックするだけですが、メッセージが正しいかどうか、あるいは追加のパラメータといった例外の他の部分もチェックできます（リスト 2–9）。

リスト2–9：ch2/test_exceptions.py

```
def test_raises_with_info():
    match_regex = "missing 1 .* positional argument"
    with pytest.raises(TypeError, match=match_regex):
        cards.CardsDB()

def test_raises_with_info_alt():
    with pytest.raises(TypeError) as exc_info:
        cards.CardsDB()
    expected = "missing 1 required positional argument"
    assert expected in str(exc_info.value)
```

match パラメータは正規表現を受け取って例外メッセージと照合します。カスタム例外の場合は、as exc_info などの変数名を使って例外の追加のパラメータに関する情報を取得することもできます。exc_info オブジェクトの型は ExceptionInfo になります。ExceptionInfo の詳細については、pytest のドキュメント[7] を参照してください。

[7] https://docs.pytest.org/en/latest/reference/reference.html#exceptioninfo

2.7 テスト関数を構造化する

アサーションはテスト関数の最後に配置するようにしてください。このアドバイスは、少なくとも Arrange–Act–Assert（準備－実行－検証）と Given–When–Then（前提－もし－ならば）の 2 つの名前が付いているほど一般的なものです。

このプラクティスに Arrange–Act–Assert パターンという名前を付けたのは Bill Wake で、2001 年のことです[8]。後に、Kent Beck がテスト駆動開発（test-driven development：TDD）の一部としてこのプラクティスを広めました[9]。ビヘイビア駆動開発（behavior-driven development：BDD）では、Given-When-Then という表現が使われています。このパターンを考案したのは Ivan Moore で、Dan North によって一般に広まりました[10]。どのような名前が付いていようと、どのパターンもテストを 3 つのステージに分けることを目標としています。

テストを 3 つのステージに分けることには、さまざまな利点があります。この分割により、テストは「何かを行う準備をする」、「何かを行う」、「うまくいったかどうかをチェックする」の 3 つの部分にきれいに分かれます。このため、テスト開発者がそれぞれの部分に専念できるようになり、実際に何をテストしているのかが明確になります。

「Arrange–Assert–Act–Assert–Act–Assert...」はよくあるアンチパターンであり、アクションとそれに続く状態や振る舞いのチェックを繰り返すことでワークフローを検証するというものです。テストが正常に実行されている間は、それで問題がないように思えます。しかし、エラーの原因として考えられるアクションがいくつもあるため、テストの対象を 1 つの振る舞いに絞り込めません。それに、「Arrange」の設定自体がエラーを引き起こしている可能性もあります。`assert` が何回も交互に現れるようなパターンだと、テストのデバッグやメンテナンスは難しくなります。テストを引き継いだ開発者には、テストのそもそもの目的が何だったのかさっぱりわからないからです。Given–When–Then または Arrange–Act–Assert に従うようにすれば、テストの的が絞られ、テストのメンテナンスが楽になります。

本書のテスト関数とテストでは、この 3 段構造を使うようにしています。

例として、この構造を最初のテストの 1 つに適用してみましょう。

8 `https://xp123.com/articles/3a-arrange-act-assert`

9 `https://en.wikipedia.org/wiki/Test-driven_development`

10 `https://dannorth.net/introducing-bdd`

リスト2-10：ch2/test_structure.py

```
from cards import Card

def test_to_dict():
    # GIVEN a Card object with known contents
    # (前提：既知の値が設定された Card オブジェクトが与えられたとすれば)
    c1 = Card("something", "brian", "todo", 123)

    # WHEN we call to_dict() on the object
    # (もし：このオブジェクトで to_dict() を呼び出したときに)
    c2 = c1.to_dict()

    # THEN the result will be a dictionary with known content
    # (ならば：既知の値が設定されたディクショナリが返される)
    c2_expected = {
        "summary": "something",
        "owner": "brian",
        "state": "todo",
        "id": 123,
    }
    assert c2 == c2_expected
```

- **Given/Arrange**
  テストを開始するときの初期状態。アクションを実行するためにデータまたは環境を整えます。
- **When/Act**
  あるアクションを実行します。つまり、その振る舞いが正しいかどうかを確認することがテストの焦点となります。
- **Then/Assert**
  結果または最終状態の期待値。テストの最後に、アクションの結果が期待どおりの振る舞いになったことを確認します。

個人的には、テストにはGiven–When–Thenを使うほうが自然に思えます。Arrange–Act–Assertを使うほうが自然だという人もいるでしょう。どちらの考え方でも問題はありません。このように構造化すれば、テスト関数が整理された状態に保たれ、テストの対象が1つの振る舞いに絞られます。また、この構造は他のテストケースについて考えるのにも役立ちます。1つの初期状態に焦点を合わせると、同じアクションを使ってテストする必要があるかもしれない他の状態について検討しやすくなるからです。同様に、1つの理想的な結果に焦点を合わせると、失敗状態やエラー状態など、それ以外に予想される結果について考えるのにも役立ちます。それらの状態も別のテストケースでテストする必要があります。

2.8 テストをクラスにまとめる

ここまで書いてきたテスト関数は、ファイルシステムのディレクトリに置かれているテストモジュールに含まれていました。実際、テストコードをこのような構造にすると非常にうまくいくため、多くのプロジェクトにはそれで十分です。しかし、pytest では、テストをクラスにまとめることもできます。

Card オブジェクトの等価の比較に関連するテスト関数をクラスにまとめてみましょう。

リスト2-11：ch2/test_classes.py

```
from cards import Card

class TestEquality:
    def test_equality(self):
        c1 = Card("something", "brian", "todo", 123)
        c2 = Card("something", "brian", "todo", 123)
        assert c1 == c2

    def test_equality_with_diff_ids(self):
        c1 = Card("something", "brian", "todo", 123)
        c2 = Card("something", "brian", "todo", 4567)
        assert c1 == c2

    def test_inequality(self):
        c1 = Card("something", "brian", "todo", 123)
        c2 = Card("completely different", "okken", "done", 123)
        assert c1 != c2
```

コードは以前とほとんど同じですが、それぞれのメソッドに初期引数 self を与えなければならないという違いがあります。

これで、このクラスを指定することで、これらのテストをまとめて実行することができます。

```
$ cd <code/ch2 へのパス>
$ pytest -v test_classes.py::TestEquality
======================== test session starts ===========================
collected 3 items

test_classes.py::TestEquality::test_equality PASSED                [ 33%]
test_classes.py::TestEquality::test_equality_with_diff_ids PASSED   [ 66%]
test_classes.py::TestEquality::test_inequality PASSED              [100%]

========================= 3 passed in 0.02s ============================
```

もちろん、メソッドを 1 つだけ実行することもできます。

```
$ pytest -v test_classes.py::TestEquality::test_equality
======================== test session starts =========================
collected 1 item

test_classes.py::TestEquality::test_equality PASSED              [100%]

========================= 1 passed in 0.02s ==========================
```

Python でのオブジェクト指向プログラミング（object-oriented programming：OOP）やクラスの継承に慣れている場合は、テストクラスの階層を利用してヘルパーメソッドを継承することもできます。OOP にあまり詳しくなくても心配はいりません。本書では、テストをまとめて実行しやすくする目的でのみテストをクラスにまとめます。個人的にテストクラスを使うときも、必ずそうしています。本番用のテストコードでは、テストクラスはグループ化を主な目的として控えめに使うようにしてください。テストクラスの継承を使って何か凝ったことをしようとすると、確実に誰かを混乱させることになります。その誰かは未来のあなた自身かもしれません。

2.9 テストの一部を実行する

前節では、テストクラスを使ってテストの一部を実行することができました。デバッグを行っているときや、その時点で取り組んでいるコードベースの特定の部分だけをテストしたいときには、テストのほんの一部だけを実行できると便利です。

pytest では、テストの一部を実行する方法が何種類かあります（表 2-2）。

表2-2：テストの一部を実行する方法

実行する部分	構文
テストメソッドを 1 つだけ	`pytest <パス>/test_module.py::TestClass::test_method`
クラス内のすべてのテスト	`pytest <パス>/test_module.py::TestClass`
テスト関数を 1 つだけ	`pytest <パス>/test_module.py::test_function`
モジュール内のすべてのテスト	`pytest <パス>/test_module.py`
ディレクトリ内のすべてのテスト	`pytest <パス>`
パターンとマッチする名前のテスト	`pytest -k <パターン>`
マーカーが付いているテスト	第 6 章を参照

パターンとマッチするテストとマーカーが付いているテスト以外はすでに試しています。

ですが、とりあえず例を見てみることにしましょう。コマンドラインのパスを確認できるように ch2 で始まるパスを使えるようにしたいので、1 つ上の code ディレクトに移動します。

```
$ cd <code へのパス>
```

テストメソッド、テストクラス、またはモジュールを 1 つだけ実行するコマンドは次のようになります。

```
$ pytest ch2/test_classes.py::TestEquality::test_equality
$ pytest ch2/test_classes.py::TestEquality
$ pytest ch2/test_classes.py
```

テスト関数またはモジュールを 1 つだけ実行するコマンドは次のようになります。

```
$ pytest ch2/test_card.py::test_defaults
$ pytest ch2/test_card.py
```

ディレクトリ全体を実行するコマンドは次のようになります。

```
$ pytest ch2
```

マーカーについては第 6 章で説明しますが、-k フラグについて少し説明しておきます。-k フラグは引数として式をとり、名前にその式とマッチする部分文字列が含まれているテストを pytest に実行させます。部分文字列はテストの名前かテストクラスの名前と照合できます。-k フラグを実際に試してみましょう。

先ほど示したように、TestEquality クラスのテストを実行する方法は次のようになります。

```
$ pytest ch2/test_classes.py::TestEquality
```

-k フラグでも同じことができます。このフラグにテストクラスの名前を指定するだけです。

```
$ cd <code/ch2 へのパス>
$ pytest -v -k TestEquality
========================== test session starts ===========================
collected 23 items / 20 deselected / 3 selected
```

```
test_classes.py::TestEquality::test_equality PASSED                    [ 33%]
test_classes.py::TestEquality::test_equality_with_diff_ids PASSED      [ 66%]
test_classes.py::TestEquality::test_inequality PASSED                  [100%]

=================== 3 passed, 20 deselected in 0.06s ====================
```

あるいは、テストクラスの名前の一部だけでもうまくいきます。

```
$ pytest -v -k TestEq
========================== test session starts ==========================
collected 23 items / 20 deselected / 3 selected

test_classes.py::TestEquality::test_equality PASSED                    [ 33%]
test_classes.py::TestEquality::test_equality_with_diff_ids PASSED      [ 66%]
test_classes.py::TestEquality::test_inequality PASSED                  [100%]

=================== 3 passed, 20 deselected in 0.06s ====================
```

名前に"equality"を含んでいるテストをすべて実行してみましょう。

```
$ pytest -v --tb=no -k equality
========================== test session starts ==========================
collected 23 items / 16 deselected / 7 selected

test_card.py::test_equality PASSED                                     [ 14%]
test_card.py::test_equality_with_diff_ids PASSED                       [ 28%]
test_card.py::test_inequality PASSED                                   [ 42%]
test_card_fail.py::test_equality_fail FAILED                           [ 57%]
test_classes.py::TestEquality::test_equality PASSED                    [ 71%]
test_classes.py::TestEquality::test_equality_with_diff_ids PASSED      [ 85%]
test_classes.py::TestEquality::test_inequality PASSED                  [100%]

=============== 1 failed, 6 passed, 16 deselected in 0.08s ===============
```

これらのテストの 1 つは失敗する例です。式を拡張してそのテストを取り除いてみましょう。

```
$ pytest -v --tb=no -k "equality and not equality_fail"
========================== test session starts ==========================
collected 23 items / 17 deselected / 6 selected

test_card.py::test_equality PASSED                                     [ 16%]
test_card.py::test_equality_with_diff_ids PASSED                       [ 33%]
```

```
test_card.py::test_inequality PASSED                                    [ 50%]
test_classes.py::TestEquality::test_equality PASSED                     [ 66%]
test_classes.py::TestEquality::test_equality_with_diff_ids PASSED       [ 83%]
test_classes.py::TestEquality::test_inequality PASSED                   [100%]

=================== 6 passed, 17 deselected in 0.07s ====================
```

and、not、or の 3 つのキーワードと () を使って複雑な式を作成することもできます。TestEquality クラスのテストを取り除いた上で、名前に"dict"か"ids"を含んでいるテストをすべて実行してみましょう。

```
$ pytest -v --tb=no -k "(dict or ids) and not TestEquality"
========================= test session starts ==========================
collected 23 items / 17 deselected / 6 selected

test_card.py::test_equality_with_diff_ids PASSED                       [ 16%]
test_card.py::test_from_dict PASSED                                    [ 33%]
test_card.py::test_to_dict PASSED                                      [ 50%]
test_classes.py::test_from_dict PASSED                                 [ 66%]
test_classes.py::test_to_dict PASSED                                   [ 83%]
test_structure.py::test_to_dict PASSED                                 [100%]

=================== 6 passed, 17 deselected in 0.08s ====================
```

-k フラグを and、not、or の 3 つのキーワードと組み合わせると非常に柔軟な指定が可能になり、実行したいテストを正確に選択できるようになります。このため、エラーのデバッグや新しいテストの開発を行っているときに非常に役立ちます。

2.10 ここまでの復習

本章は盛りだくさんの内容でした。Cards アプリケーションのテストは順調に進んでいるようです。

- サンプルコードを<code へのパス>にダウンロードする。
- Cards アプリケーション（と pytest）を仮想環境にインストールする。
    1. cd <code へのパス>
    2. python -m venv venv --prompt cards
    3. source venv/bin/activate
       （Windows では、venv¥Scripts¥activate.bat）

4. pip install ./cards_proj
5. pip install pytest

- pytest は assert の書き換えを行うため、Python の標準の assert 式を使うことができる。
- AssertionError、fail() の呼び出し、または捕捉されなかった例外によってテストが失敗することがある。
- 想定されている例外のテストには、pytest.raises() を使う。
- Given-When-Then または Arrange-Act-Assert と呼ばれるパターンはテストをうまく構造化するのに役立つ。
- テストはクラスにまとめることができる。
- デバッグの際には、テストをほんの一部だけ実行できると便利である。pytest には、テストの一部を実行する方法が何種類かある。
- -vv コマンドラインフラグを使うと、テストが失敗した場合により詳細な情報を表示できる。

2.11 練習問題

本書では、これ以降も Cards プロジェクトを使います。このため、Cards プロジェクトをインストールして、テストを実行できる状態にしておくことが重要となります。

このプロジェクトのコードをまだダウンロードしていない場合は、本書の Web ページ[11]からダウンロードし、pip install <code/cards_proj へのパス>を使って Cards アプリケーションをローカルにインストールできることを確認してください。

<code/ch2 へのパス>ディレクトリに移動して、pytest test_card.py を実行します。次のような出力が表示されるはずです。

```
$ pytest test_card.py
======================== test session starts =========================
collected 7 items

test_card.py .......                                          [100%]

========================= 7 passed in 0.07s ==========================
```

pytest を実行できない、または 7 つのテストが成功しない場合は、何か問題があります。

[11] https://pragprog.com/titles/bopytest2/source_code

これらの問題を解決してから次へ進むようにしてください。

うまくいかない場合、問題として考えられるのは次の 3 つです。

- pytest を仮想環境にインストールしたが、仮想環境を起動するのを忘れている。
- pytest と Cards を別々の環境にインストールしている。
- `pip list --not-required` を実行すると、トップレベルにインストールされているパッケージがすべて表示される。このリストに `pytest` と `cards` の両方が含まれていることを確認する。

以下の練習問題の目的は、コードを実際に試しながら、テストを拡張する方法や見落としているテストについて考えてもらうことにあります。

1. `<code/exercises/ch2 へのパス>`にある `test_card_mod.py` ファイルは `test_card.py` ファイルのコピーですが、`import` 文が `Card` クラスの定義に置き換えられています。`Card` クラスの定義に含まれているデフォルト値を変更してください。たとえば、`None` の値を空の文字列または有効な文字列に置き換えてください。これらの変更はテストによって捕捉されるでしょうか。
2. `compare=False` を `compare=True` に変更したらどうなるでしょうか。
3. 見落としているテストはないでしょうか。カバーされていない機能はないでしょうか。見落としているテスト関数があれば追加してください。
4. `-k` フラグを使ってテストを選択してください。

本書を読みながら新しいオプションが登場するたびに実際に試してみれば、pytest のコマンドラインの柔軟性に慣れるのに役立ちます。それらのオプションを暗記しないまでも、何度か使っていれば、そのような機能があることが記憶に残るはずです。そして、将来その機能が必要になったときは `pytest --help` で調べることができます。

2.12　次のステップ

本章で説明した Given-When-Then と Arrange-Act-Assert は重要なパターンであり、テスト関数を使ってテストしているものに焦点を絞るのに役立ちます。次章では、フィクスチャを学びます。フィクスチャは「Given」または「Arrange」の部分を別の関数にまとめることで焦点をさらに絞りやすくします。セットアップやティアダウンをフィクスチャに追加すると、複雑なシステム状態からテストコードがうまく切り離され、外部リソースを管理できるようになります。

CHAPTER 3

pytestのフィクスチャ

pytest を使ってテスト関数を作成して実行したところで、**フィクスチャ**（fixture）というテストヘルパー関数に目を向けてみましょう。ソフトウェアシステムがごく単純なものである場合を除いて、そのテストコードを構造化するには、ほぼ確実にフィクスチャが必要になります。フィクスチャは実際のテスト関数の実行に先立って（場合によってはその後に）pytest が実行する関数です。フィクスチャのコードでは、必要であればほぼどのような処理でも実行できます。たとえば、テストで使うデータセットの取得には、フィクスチャを使うことができます。テストを実行する前にシステムをあらかじめ定めた状態にするときにもフィクスチャを使うことができます。さらに、複数のテストで使うデータを準備したいときにもフィクスチャを使うことができます。

本章では、フィクスチャの作り方と使い方を学びます。まず、フィクスチャにセットアップコードとティアダウンコードを配置するためにフィクスチャを構造化する方法を学びます。次に、複数のテストに対してフィクスチャを 1 回だけ実行するためにスコープを使います。また、テストで複数のフィクスチャを使う方法も学びます。さらに、フィクスチャとテストコードを使ってコードの実行をトレースする方法も学びます。

ここではフィクスチャの詳細と Cards プロジェクトのテストにフィクスチャを使う方法を学びますが、その前に、フィクスチャの簡単な例を使ってフィクスチャとテスト関数がどのように結び付くのかを見ておきましょう。

3.1 速習：フィクスチャ

リスト 3-1 は数値を返す単純なフィクスチャを示しています。

リスト3-1：ch3/test_fixtures.py

```
import pytest

@pytest.fixture()
def some_data():
    """Return answer to ultimate question."""
    return 42

def test_some_data(some_data):
```

```
    """Use fixture return value in a test."""
    assert some_data == 42
```

`@pytest.fixture()` は、その関数がフィクスチャであることを pytest に認識させるための修飾子（マーカー）です。テスト関数のパラメータリストにフィクスチャの名前を追加すると、そのテストを実行する前に pytest がそのフィクスチャを実行してくれます。フィクスチャは処理を実行できるだけではなく、テスト関数にデータを返すこともできます。

Python の修飾子を完全に理解していないと pytest のマーカーを使えないのかというと、そんなことはありません。pytest は他の関数に機能や特徴を追加するためにマーカーを使います。この場合、`pytest.fixture()` は `some_data()` という関数を修飾しています。`test_some_data()` というテストでは、このフィクスチャの名前（`some_data`）がパラメータとして定義されています。このようにすると、指定された名前のフィクスチャを pytest が探してくれます。

フィクスチャという用語の意味は、プログラミング／テストコミュニティにおいても、Python コミュニティにおいてもさまざまです。「フィクスチャ」、「フィクスチャ関数」、「フィクスチャメソッド」はどれも本章で説明している`@pytest.fixture()` で修飾された関数を意味します。また、フィクスチャ関数を使ってセットアップするリソースのことを「フィクスチャ」と呼ぶこともあります。フィクスチャ関数はたいていテストに利用できるデータを準備したり取得したりします。場合によっては、このデータを「フィクスチャ」と見なすこともあります。たとえば Django コミュニティでは、アプリケーションの初めにデータベースに読み込まれる初期データのことをよく「フィクスチャ」と呼んでいます。

他の意味はさておき、pytest と本書の「テストフィクスチャ」は、「前処理」コードと「後処理」コードをテスト関数から切り離せるようにする pytest のメカニズムを表します。

pytest では、フィクスチャの実行時とテスト関数の実行時とで例外の扱い方が異なります。テストコードの実行中に例外（または `AssertionError` や `pytest.fail()` の呼び出し）が発生した場合は、しかるべく `FAILED` になります。これに対し、フィクスチャの実行中に発生した場合、そのテスト関数は `ERROR` になります。この違いはテストが成功しなかった理由をデバッグするときに役立ちます。テストの結果が `FAILED` の場合、テストが失敗した原因はテスト関数（またはテスト関数が呼び出したもの）のどこかにあります。テストの結果が `ERROR` の場合は、フィクスチャのどこかにあります。

pytest のフィクスチャは、pytest を他のテストフレームワークから際立たせる pytest ならではの機能の 1 つです。多くの人々が pytest に乗り換え、pytest を使い続ける理由はフィクスチャにあります。フィクスチャには、さまざまな特徴やニュアンスがあります。フィクスチャの仕組みを頭の中で思い描けるようになれば、難しいことは何もなくなります。ですがそのためには、フィクスチャに少し慣れておく必要があります。さっそく始めましょう。

3.2 セットアップとティアダウンにフィクスチャを使う

Cards アプリケーションをテストする上でフィクスチャは大きな助けになります。Cards アプリケーションには、実際の作業とロジックのほとんどを処理する API と、CLI という薄い層があります。特にロジックに関してはユーザーインターフェイス（UI）がかなり薄いため、テストするなら API を集中的にやるのが最もよさそうです。Cards アプリケーションはデータベースも使います。データベースの操作でもフィクスチャが大活躍します。

Cards がインストールされていることを確認する

本章の例を実行するには、Cards アプリケーションがインストールされている必要があります。このアプリケーションをまだインストールしていない場合は、`pip install ./cards_proj` を使ってインストールしてください。詳しい方法については、第 2 章の 2.1 節を参照してください。

まず、`count()` というメソッドのテストを書いてみましょう。このメソッドはカードの枚数を数える `count` 機能をサポートします。この機能をコマンドラインで試してみましょう。

```
$ cards count
0
$ cards add first item
$ cards add second item
$ cards count
2
```

カウントの初期値が 0 であることを確認する最初のテストはリスト 3-2 のようになります。

リスト3-2：ch3/test_count_initial.py

```python
from pathlib import Path
from tempfile import TemporaryDirectory
import cards

def test_empty():
    with TemporaryDirectory() as db_dir:
        db_path = Path(db_dir)
        db = cards.CardsDB(db_path)

        count = db.count()
```

```
        db.close()

        assert count == 0
```

count() を呼び出すには、データベースオブジェクトが必要です。データベースオブジェクトを取得するには、cards.CardsDB(db_path) を呼び出します。cards.CardsDB() はコンストラクタであり、CardsDB オブジェクトを返します。db_path パラメータには、データベースディレクトリを表す pathlib.Path オブジェクトを指定する必要があります。pathlib モジュールは Python 3.4 で導入されたもので、pathlib.Path オブジェクト[1] はファイルシステムのパスを表すための標準的な方法です。これはテストなので、一時ディレクトリを使えば十分です。一時ディレクトリを取得するには、tempfile.TemporaryDirectory() を呼び出します。一時ディレクトリを取得する方法は他にもありますが、とりあえずこれでうまくいきます。

このテスト関数は実際それほど難しいものではありません。コードにすればほんの数行ですが、問題がいくつかあります。count() を呼び出す前にデータベースをセットアップするコードがありますが、このコードはテストにはあまり関係のない部分です。また、assert 文の前に db.close() の呼び出しがあります。この呼び出しは関数の最後に配置するほうがよさそうですが、そのようにすると assert が失敗した場合に呼び出されなくなるため、assert の前に呼び出すしかありません[2]。

pytest のフィクスチャを使えば、これらの問題は一気に解決します。

リスト3-3：ch3/test_count.py

```
from pathlib import Path
from tempfile import TemporaryDirectory
import cards
import pytest

@pytest.fixture()
def cards_db():
    with TemporaryDirectory() as db_dir:
        db_path = Path(db_dir)
        db = cards.CardsDB(db_path)
        yield db
        db.close()

def test_empty(cards_db):
    assert cards_db.count() == 0
```

[1] https://docs.python.org/3/library/pathlib.html#basic-use

[2] **監注**：assert が失敗すると AssertionError 例外が発生する。すると assert 以降の行は実行されなくなるので、db.close() のような後始末の処理ができない。

データベースを初期化するコードをすべて cards_db というフィクスチャにまとめたので、テスト関数がずっと読みやすくなったことがひと目でわかります。

cards_db フィクスチャは、テストの「セットアップ」としてデータベースの準備をします。続いて、データベースオブジェクトを yield すると[3]、そのタイミングでテストが実行されます。テストを実行した後はデータベースを閉じます。

フィクスチャ関数はそのフィクスチャを使うテストの前に実行されます。フィクスチャ関数に yield が含まれている場合はそこで停止し、テストに制御を渡します。そしてテストが終了したら、その次の行から実行を再開します。yield の手前にあるコードは「セットアップ」、yield の後ろにあるコードは「ティアダウン」です。yield の後ろにあるティアダウンコードは、テスト中に何が起こったとしても必ず実行されます。

この例では、一時ディレクトリに対するコンテキストマネージャーの with ブロックの中に yield があります。このディレクトリが存在するのは、このフィクスチャを使っているテストが実行されている間です。テストが終了すると制御がフィクスチャに戻され、db.close() を実行できる状態になります。このコードを実行した後は、with ブロックを終了してディレクトリの後処理を行うことができます。

pytest がテストの引数を調べて同じ名前のフィクスチャを探すことを思い出してください。あなたがフィクスチャ関数を直接呼び出すことはありません。フィクスチャを呼び出すのは pytest です。

フィクスチャは複数のテストで使うことができます。別の例を見てみましょう。

リスト3-4：ch3/test_count.py

```
def test_two(cards_db):
    cards_db.add_card(cards.Card("first"))
    cards_db.add_card(cards.Card("second"))
    assert cards_db.count() == 2
```

test_two() も同じ cards_db フィクスチャを使っています。今回は、空のデータベースを受け取り、カードを 2 枚追加してからカードの枚数を数えます。データベースを設定した上で実行しなければならないテストでは、cards_db フィクスチャを使うことができます。このようにすると、test_empty() や test_two() のような個々のテストを小さく保つことができ、セットアップやティアダウンではなくテストしている部分に焦点を合わせることができます。

フィクスチャとテスト関数は別々の関数です。フィクスチャで実行する処理やフィクスチャから返されるオブジェクト、あるいはその両方がフィクスチャの名前に反映されてい

---

3 **監注**：yield はジェネレータ関数を実現する Python の標準機能。処理やデータをジェネレータの呼び出し元へ渡すことができる。

ると、コードが理解しやすくなります。

テスト関数を書いたりデバッグしたりするときには、フィクスチャのセットアップ部分やティアダウン部分がいつ実行されるのかがフィクスチャを使っているテストから見えるようにすると助けになることがよくあります。次節では、この可視化に役立つ--setup-showフラグを紹介します。

3.3 --setup-show を使ってフィクスチャの実行をトレースする

同じフィクスチャを使うテストが 2 つになったところで、どれがどの順番で呼び出されるのかがわかるとおもしろそうです。

うまい具合に、pytest には、テストとフィクスチャの処理の順序を表示する--setup-showというコマンドラインフラグがあります。フィクスチャに関しては、セットアップフェーズとティアダウンフェーズも表示されます。

```
$ cd <code/ch3 へのパス>
$ pytest --setup-show test_count.py
======================== test session starts =========================
collected 2 items

test_count.py
        SETUP    F cards_db
        test_count.py::test_empty (fixtures used: cards_db).
        TEARDOWN F cards_db
        SETUP    F cards_db
        test_count.py::test_two (fixtures used: cards_db).
        TEARDOWN F cards_db

========================= 2 passed in 0.02s ==========================
```

cards_db フィクスチャの SETUP 部分と TEARDOWN 部分に挟まれる形でテストが実行されていることがわかります。フィクスチャの名前の前にある F は、このフィクスチャが関数スコープを使っていることを表しています。つまり、cards_db フィクスチャを使っているテスト関数ごとに、その関数を実行する前に cards_db フィクスチャのセットアップ部分が実行され、その関数を実行した後にティアダウン部分が実行されます。次は、スコープを調べてみましょう。

3.4 フィクスチャのスコープを指定する

フィクスチャにはそれぞれスコープが設定されています。スコープは、そのフィクスチャを使っているすべてのテスト関数の実行を基準として、セットアップとティアダウンが実行される順序を定義します。フィクスチャが複数のテスト関数で使われている場合は、スコープによってセットアップとティアダウンを実行する頻度が決まります。

フィクスチャのデフォルトのスコープはfunction（関数やメソッド）です。つまり、そのフィクスチャを実行する必要があるテストごとに、そのテストが実行される前にフィクスチャのセットアップ部分が実行されます。同様に、そのテストが実行された後にフィクスチャのティアダウン部分が実行されます。

しかし、状況によっては、そのようにしたくないこともあります。データベースのセットアップと接続に時間がかかるから、膨大な量のデータを生成するから、あるいは、サーバーや低速なデバイスからデータを取得するからかもしれません。実際、フィクスチャの中では、やりたいことは何でもできてしまいます。その中には時間がかかるものがあるかもしれません。

時間のかかるリソースをシミュレートするために、データベースへの接続時にフィクスチャに time.sleep(1) 文を配置する例を見てもらってもよかったのですが、頭の中で想像すれば十分だろうと思い直しました。そうした時間のかかる接続を2回も行いたくない場合は（テストが100個の場合は100秒間スリープすることを想像してみてください）、時間を食う部分が複数のテストに対して1回だけ発生するようにスコープを変更することができます。

cards_db フィクスチャのスコープを変更して、データベースを1回だけ開くようにしてみましょう。その後で、さまざまなスコープを紹介することにします。

スコープを変更するには、コードを1行変更するだけです。fixture() マーカーに scope="module"を追加します。

リスト3-5：ch3/test_mod_scope.py

```
@pytest.fixture(scope="module") ←
def cards_db():
    with TemporaryDirectory() as db_dir:
        db_path = Path(db_dir)
        db = cards.CardsDB(db_path)
        yield db
        db.close()
```

では、テストを再び実行してみましょう。

```
$ pytest --setup-show test_mod_scope.py
======================= test session starts ========================
collected 2 items

test_mod_scope.py
    SETUP    M cards_db
        test_mod_scope.py::test_empty (fixtures used: cards_db).
        test_mod_scope.py::test_non_empty (fixtures used: cards_db).
    TEARDOWN M cards_db

======================== 2 passed in 0.03s =========================
```

2つ目のテスト関数のセットアップにかかるはずの1秒が短縮されましたね。スコープを module（モジュール）に変更すると、このモジュールで定義されているテストのうち、cards_db フィクスチャを使っているすべてのテストに同じインスタンスを共有させることができます。このため、セットアップとティアダウンにかかる余分な時間を省くことができます。

@pytest.fixture() マーカーの scope パラメータには、function と module の他にも、class、package、session を指定できます。デフォルトのスコープは function（関数）です。

次に、scope パラメータの有効な値をまとめておきます。

- **scope='function'**
  テスト関数やメソッドごとに1回実行されます。セットアップ部分はこのフィクスチャを使っているテストの前に実行され、ティアダウン部分はそのテストの後に実行されます。function は scope パラメータが指定されない場合に使われるデフォルトのスコープです。
- **scope='class'**
  テストクラスごとに1回実行されます。そのテストクラスにメソッドがいくつ定義されていたとしても、実行されるのは1回だけです。
- **scope='module'**
  モジュールごとに1回実行されます。そのモジュールにテスト関数、テストメソッド、または他のフィクスチャがいくつ定義されていたとしても、実行されるのは1回だけです。
- **scope='package'**
  パッケージごとに1回実行されます。そのパッケージにテスト関数、テストメソッド、または他のフィクスチャがいくつ定義されていたとしても、実行されるのは 1 回だけです。

- **scope='session'**
  セッションごとに 1 回実行されます。pytest コマンドを使ってテストを 1 回実行するのが 1 回のセッションです。セッションスコープのフィクスチャを使っているテストメソッドやテスト関数はすべて同じセットアップ／ティアダウン呼び出しを共有します。

スコープはフィクスチャで定義します。これはコードを見れば明らかですが、重要な点なのでしっかり覚えておいてください。スコープを設定するのはフィクスチャを定義するときであり、フィクスチャを呼び出すときではありません。フィクスチャを使っているテスト関数がフィクスチャのセットアップとティアダウンの頻度を制御することはありません。

フィクスチャがテストモジュールの中で定義されている場合、session スコープと package スコープの働きは module スコープとまったく同じです。他のスコープを利用したい場合は、フィクスチャを conftest.py ファイルに配置する必要があります。

3.5 conftest.py を使ってフィクスチャを共有する

フィクスチャは個々のテストファイルに配置できますが、複数のテストファイルでフィクスチャを共有したい場合は conftest.py ファイルを使う必要があります。このファイルは、そのフィクスチャを使っているテストファイルと同じディレクトリか親ディレクトリに配置します。conftest.py は pytest によって「ローカルプラグイン」と見なされるファイルであり、このファイルもオプションです（必要に応じて使います）。このファイルには、フック関数やフィクスチャを追加できます。

まず、test_count.py の cards_db フィクスチャを、同じディレクトリにある conftest.py ファイルに移動します。

リスト3-6：ch3/a/conftest.py

```
from pathlib import Path
from tempfile import TemporaryDirectory
import cards
import pytest

@pytest.fixture(scope="session")
def cards_db():
    """CardsDB object connected to a temporary database"""
    with TemporaryDirectory() as db_dir:
        db_path = Path(db_dir)
        db = cards.CardsDB(db_path)
```

```
        yield db
        db.close()
```

リスト3-7：ch3/a/test_count.py

```
import cards

def test_empty(cards_db):
    assert cards_db.count() == 0

def test_two(cards_db):
    cards_db.add_card(cards.Card("first"))
    cards_db.add_card(cards.Card("second"))
    assert cards_db.count() == 2
```

するとどうでしょう。フィクスチャを移動してもこのとおりうまくいきます。

```
$ cd <code/ch3/a へのパス>
$ pytest --setup-show test_count.py
========================= test session starts ==========================
collected 2 items

test_count.py
SETUP    S cards_db
        test_count.py::test_empty (fixtures used: cards_db).
        test_count.py::test_two (fixtures used: cards_db).
TEARDOWN S cards_db

========================== 2 passed in 0.01s ===========================
```

フィクスチャが他のフィクスチャに依存するとしたら、依存先のフィクスチャは同じスコープかそれよりも広いスコープのものでなければなりません。したがって、デフォルトでは（そして、ここまでCardsプロジェクトで使ってきたフィクスチャに関しては）、関数スコープのフィクスチャは関数スコープの他のフィクスチャに依存できます。関数スコープのフィクスチャは、クラススコープ、モジュールスコープ、セッションスコープのフィクスチャにも依存できますが、クラススコープ、モジュールスコープ、セッションスコープのフィクスチャが関数スコープのフィクスチャに依存することはありません。

conftest.py はインポートしない

`conftest.py` はPython モジュールですが、テストファイルでインポートすべきではありません。`conftest.py` ファイルは pytest によって自動的に読み込まれるため、`import conftest` をどこかで使うことはありません。

3.6 フィクスチャが定義されている場所を突き止める

前節では、フィクスチャをテストモジュールから conftest.py ファイルに移動しました。実際には、conftest.py ファイルはテストディレクトリのどのレベルに配置してもよいことになっています。つまり、テストには次のいずれかのフィクスチャを使うことができます。

- テスト関数と同じテストモジュール内のフィクスチャ
- 同じディレクトリにある conftest.py ファイル内のフィクスチャ
- テストのルートまでのいずれかの親ディレクトリにある conftest.py ファイル内のフィクスチャ

このため、特定のフィクスチャがどこにあるか覚えていないと、ソースコードを調べるときに問題が起こります。そんなときはもちろん pytest が助けてくれます。--fixtures フラグを使えば大丈夫です。

実際に試してみましょう。

```
$ cd <code/ch3/a へのパス>
$ pytest --fixtures -v
......
-------------------- fixtures defined from conftest --------------------
cards_db [session scope] -- conftest.py:8
    CardsDB object connected to a temporary database
......
```

このようにすると、テストに利用できるフィクスチャがすべて表示されます。このリストには、組み込みのフィクスチャに加えて、プラグインが提供しているフィクスチャも含まれています。組み込みのフィクスチャについては次章で説明します。conftest.py ファイルで見つかったフィクスチャは一番下にあります。ディレクトリを指定した場合は、そのディレクトリ内のテストに利用できるフィクスチャが表示されます。テストファイルの名前を指定した場合は、そのテストモジュールで定義されているフィクスチャも表示されます。

また、フィクスチャに docstring を追加している場合はその 1 行目が表示され、そのフィクスチャが定義されているファイルと行番号も表示されます。フィクスチャが現在のディレクトリ以外の場所にある場合は、そのパスも表示されます。

-v フラグを追加すると、docstring 全体が表示されます。pytest 6.x では、パスと行番号を取得するために-v フラグを使う必要があることに注意してください。pytest 7 では、詳細オプションを指定しなくてもそれらの情報が--fixtures の出力に追加されます。

また、--fixtures-per-test フラグを使うと、各テストで使われているフィクスチャとそれらのフィクスチャが定義されている場所も確認できます。

```
$ pytest --fixtures-per-test test_count.py::test_empty
======================== test session starts =========================
collected 1 item

-------------------- fixtures used by test_empty ---------------------
------------------------- (test_count.py:4) --------------------------
cards_db -- conftest.py:8
    CardsDB object connected to a temporary database

====================== no tests ran in 0.00s =========================
```

この例ではテスト(test_count.py::test_empty)を直接指定していますが、--fixtures-per-test フラグはファイルやディレクトリにも対応しています。--fixtures と--fixtures-per-test があれば、フィクスチャが定義されている場所がわからずに悩むことはなくなるでしょう。

3.7 複数のフィクスチャレベルを使う

現時点のテストコードには少し問題があります。どちらのテストもデータベースが空の状態で始まることを当てにしていますが、モジュールスコープのテストでもセッションスコープのテストでも同じデータベースインスタンスを使っています。

3つ目のテストを追加すると、この問題がはっきりとわかります。

リスト3-8：ch3/a/test_three.py

```
def test_three(cards_db):
    cards_db.add_card(cards.Card("first"))
    cards_db.add_card(cards.Card("second"))
    cards_db.add_card(cards.Card("third"))
    assert cards_db.count() == 3
```

このテストは、単体で実行する分には問題ないのですが、test_count.py::test_two の後に実行するとうまくいきません。

```
$ pytest -v test_three.py
======================== test session starts =========================
collected 1 item

test_three.py::test_three PASSED                                [100%]
```

```
========================= 1 passed in 0.01s ==========================
$ pytest -v --tb=line test_count.py test_three.py
======================== test session starts =========================
collected 3 items

test_count.py::test_empty PASSED                                [ 33%]
test_count.py::test_two PASSED                                  [ 66%]
test_three.py::test_three FAILED                                [100%]

============================= FAILURES ===============================
<code/ch3/a へのパス>/test_three.py:8: assert 5 == 3
======================= short test summary info ======================
FAILED test_three.py::test_three - assert 5 == 3
==================== 1 failed, 2 passed in 0.01s =====================
```

test_three を実行する前のテストでデータベースにカードが 2 枚追加されているため、カードは全部で 5 枚あります。先人の教えにもあるように、テストを実行順序に依存させるのは禁物です。そして、この場合は明らかに実行順序に依存しています ——test_three は単体で実行したときは成功しますが、test_two の後に実行したときは失敗します。

それでもデータベースを 1 回だけ開いて、データベースが空の状態ですべてのテストを開始したいという場合は、さらに別のフィクスチャを追加するという手があります。

リスト3-9：ch3/b/conftest.py

```
@pytest.fixture(scope="session")
def db():
    """CardsDB object connected to a temporary database"""
    with TemporaryDirectory() as db_dir:
        db_path = Path(db_dir)
        db_ = cards.CardsDB(db_path)
        yield db_
        db_.close()

@pytest.fixture(scope="function")
def cards_db(db):
    """CardsDB object that's empty"""
    db.delete_all()
    return db
```

元の cards_db という名前を db に変更し、スコープを session に変更しています。

cards_db フィクスチャのパラメータリストを見ると、db が指定されています。つまり、cards_db フィクスチャは db フィクスチャに依存しています。また、cards_db のスコープは db よりも狭い関数スコープです。フィクスチャを依存させることができるフィクスチャは、同じスコープかそれよりも広いスコープが設定されたフィクスチャだけです。

うまくいくかどうか試してみましょう。

```
$ cd <code/ch3/b へのパス>
$ pytest --setup-show
========================= test session starts ==========================
collected 3 items

test_count.py
SETUP    S db
        SETUP    F cards_db (fixtures used: db)
        test_count.py::test_empty (fixtures used: cards_db, db).
        TEARDOWN F cards_db
        SETUP    F cards_db (fixtures used: db)
        test_count.py::test_two (fixtures used: cards_db, db).
        TEARDOWN F cards_db
test_three.py
        SETUP    F cards_db (fixtures used: db)
        test_three.py::test_three (fixtures used: cards_db, db).
        TEARDOWN F cards_db
TEARDOWN S db

========================== 3 passed in 0.01s ===========================
```

最初に db のセットアップを実行していることと、db のスコープがセッション（S）であることがわかります。次に、cards_db のセットアップを実行してから各テスト関数を呼び出しています。このフィクスチャのスコープは関数（F）です。また、テストは 3 つとも成功しています。

このようにフィクスチャを複数のステージに分けると、テストが驚くほど高速になり、テストを順序から独立した状態に保つことができます。

3.8 テストまたはフィクスチャごとに複数のフィクスチャを使う

複数のフィクスチャを使うもう 1 つの方法は、関数かフィクスチャのどちらかで複数のフィクスチャを使うことです。たとえば、既存のタスクをフィクスチャにまとめた上でテストできます。

リスト3-10：ch3/c/conftest.py

```
@pytest.fixture(scope="session")
def some_cards():
    """List of different Card objects"""
    return [
```

```
        cards.Card("write book", "Brian", "done"),
        cards.Card("edit book", "Katie", "done"),
        cards.Card("write 2nd edition", "Brian", "todo"),
        cards.Card("edit 2nd edition", "Katie", "todo"),
    ]
```

このようにすると、cards_db と some_cards の両方をテストに使えるようになります。

リスト3-11：ch3/c/test_some.py

```
def test_add_some(cards_db, some_cards):
    expected_count = len(some_cards)
    for c in some_cards:
        cards_db.add_card(c)
    assert cards_db.count() == expected_count
```

フィクスチャでも他の複数のフィクスチャを使うことができます。

リスト3-12：ch3/c/conftest.py

```
@pytest.fixture(scope="function")
def non_empty_db(cards_db, some_cards):
    """CardsDB object that's been populated with 'some_cards'"""
    for c in some_cards:
        cards_db.add_card(c)
    return cards_db
```

non_empty_db フィクスチャは関数スコープの cards_db を使うため、関数スコープでなければなりません。non_empty_db フィクスチャをモジュールスコープかもっと広いスコープにしようとした場合はエラーになります。スコープを指定しない場合は関数スコープのフィクスチャになることを思い出してください。

これで、空ではないデータベースが必要なテストを簡単に実行できるようになりました。

リスト3-13：ch3/c/test_some.py

```
def test_non_empty(non_empty_db):
    assert non_empty_db.count() > 0
```

フィクスチャのさまざまなスコープの仕組みと、フィクスチャごとに異なるスコープをうまく利用する方法を説明してきましたが、スコープが実行時に決定されるようにしたい場合もあります。動的スコープを利用すれば、スコープを実行時に決定できます。

3.9 フィクスチャのスコープを動的に決定する

さて、フィクスチャのセットアップをセッションスコープの db と関数スコープの cards_db で行うようになりましたが、そのことがちょっと気になっているとしましょう。

cards_db フィクスチャは delete_all() を呼び出すだけで、他には何もしていません。しかし、この delete_all() をまだ完全には信用していないとしたらどうでしょう。そして、テスト関数ごとにデータベースを完全にセットアップする方法を導入したい場合はどうすればよいのでしょう。

db フィクスチャのスコープを実行時に動的に決定するという手があります。

まず、db のスコープを変更します。

リスト3-14：ch3/d/conftest.py

```
@pytest.fixture(scope=db_scope)
def db():
    """CardsDB object connected to a temporary database"""
    with TemporaryDirectory() as db_dir:
        db_path = Path(db_dir)
        db_ = cards.CardsDB(db_path)
        yield db_
        db_.close()
```

特定のスコープを指定するのではなく、db_scope という関数名を指定しています。したがって、この関数も作成する必要があります。

リスト3-15：ch3/d/conftest.py

```
def db_scope(fixture_name, config):
    if config.getoption("--func-db", None):
        return "function"
    return "session"
```

どのスコープを使うのかを特定する方法はいろいろありますが、この場合は--func-db という新しいコマンドラインフラグを使うことにしました。この新しいフラグを pytest で使えるようにするには、フック関数を作成する必要があります（フック関数については、第 15 章で詳しく説明します）。

リスト3-16：ch3/d/conftest.py

```
def pytest_addoption(parser):
    parser.addoption(
        "--func-db",
        action="store_true",
        default=False,
        help="new db for each test",
    )
```

このようにすると、デフォルトの振る舞いは以前と同じままで、セッションスコープの db になります。

```
$ cd <code/ch3/d へのパス>
$ pytest --setup-show test_count.py
======================== test session starts =========================
collected 2 items

test_count.py
SETUP    S db
        SETUP    F cards_db (fixtures used: db)
        test_count.py::test_empty (fixtures used: cards_db, db).
        TEARDOWN F cards_db
        SETUP    F cards_db (fixtures used: db)
        test_count.py::test_two (fixtures used: cards_db, db).
        TEARDOWN F cards_db
TEARDOWN S db

========================= 2 passed in 0.01s ==========================
```

しかし、新しいフラグを使った場合は、関数スコープの db フィクスチャになります。

```
$ pytest --func-db --setup-show test_count.py
======================== test session starts =========================
collected 2 items

test_count.py
        SETUP    F db
        SETUP    F cards_db (fixtures used: db)
        test_count.py::test_empty (fixtures used: cards_db, db).
        TEARDOWN F cards_db
        TEARDOWN F db
        SETUP    F db
        SETUP    F cards_db (fixtures used: db)
        test_count.py::test_two (fixtures used: cards_db, db).
        TEARDOWN F cards_db
        TEARDOWN F db

========================= 2 passed in 0.01s ==========================
```

これで、各テスト関数を実行する前にデータベースのセットアップを行い、各テスト関数を実行した後にティアダウンを行うようになりました。

3.10 常に使うフィクスチャには autouse を指定する

本章のここまでの例では、テストに使うフィクスチャの名前はそのテストか別のフィクスチャのパラメータリストに指定されていました。しかし、autouse=True を使うと、フィクスチャを常に実行できるようになります。この機能が適しているのは、特定の状況で実行したいコードがあり、システムの状態やフィクスチャから返されるデータにテストがまったく依存していない場合です。

リスト 3-17 はちょっと不自然な例ですが、とりあえず見てみましょう。

リスト3-17：ch3/test_autouse.py

```
import pytest
import time

@pytest.fixture(autouse=True, scope="session")
def footer_session_scope():
    """Report the time at the end of a session."""
    yield
    now = time.time()
    print("--")
    print(
        "finished : {}".format(
            time.strftime("%d %b %X", time.localtime(now))
        )
    )
    print("-----------------")

@pytest.fixture(autouse=True)
def footer_function_scope():
    """Report test durations after each function."""
    start = time.time()
    yield
    stop = time.time()
    delta = stop - start
    print("\ntest duration : {:0.3} seconds".format(delta))

def test_1():
    """Simulate long-ish running test."""
    time.sleep(1)

def test_2():
    """Simulate slightly longer test."""
    time.sleep(1.23)
```

footer_session_scope() はセッションの最後に現在の日時を表示し、footer_function_scope() は各テストの最後にテストにかかった時間を表示します。実際の出力は次のようになります。

```
$ cd <code/ch3 へのパス>
$ pytest -v -s test_autouse.py
======================== test session starts ==========================
collected 2 items

test_autouse.py::test_1 PASSED
test duration : 1.0 seconds

test_autouse.py::test_2 PASSED
test duration : 1.24 seconds
--
finished : 25 Jul 16:18:27
-----------------

====================== 2 passed in 2.25 seconds =======================
```

この例では-sフラグを使いました。このフラグは--capture=noのショートカットであり、pytestによる出力キャプチャを無効にします。このフラグを使ったのは、新しいフィクスチャに含まれているprint文の出力が表示されるようにしたかったからです。出力キャプチャを無効にしておかないと、pytestが失敗したテストの出力しか表示しなくなります。

autouseは何かと便利な機能ですが、どちらかと言えば例外的なものです。特に理由がなければ、フィクスチャは明示的に指定するようにしてください。

3.11 フィクスチャの名前を変更する

フィクスチャの名前は、そのフィクスチャを使うテストか他のフィクスチャのパラメータリストに指定します。通常、フィクスチャの名前はそのフィクスチャの関数名と同じです。ただし、@pytest.fixture()のnameパラメータを使うと、フィクスチャの名前を変更できます。

リスト3-18：ch3/test_rename_fixture.py

```
import pytest

@pytest.fixture(name="ultimate_answer")
def ultimate_answer_fixture():
    return 42

def test_everything(ultimate_answer):
    assert ultimate_answer == 42
```

筆者はフィクスチャの名前を変更するのが望ましい状況に何度か遭遇したことがあります。リスト 3–18 のように、フィクスチャの名前に接頭辞 fixture_や接尾辞_fixture を付けたい人もいます。

名前の変更が役立つ状況の 1 つは、フィクスチャにぴったりの名前が既存の変数や関数の名前としてすでに使われているときです。

リスト3–19：ch3/test_rename_2.py

```
import pytest
from somewhere import app

@pytest.fixture(scope="session", name="app")
def _app():
    """The app object"""
    yield app()

def test_that_uses_app(app):
    assert app.some_property == "something"
```

フィクスチャの名前を変更すると、フィクスチャが定義されている場所がわかりにくくなることがあります。筆者の場合、フィクスチャの名前を変更するのは、原則としてフィクスチャとそのフィクスチャを使っているテストが同じモジュールに含まれている場合だけにしています。ただし、フィクスチャが定義されている場所は--fixtures を使っていつでも特定できることを覚えておいてください。

3.12　ここまでの復習

本章では、フィクスチャを詳しく取り上げました。

- フィクスチャは@pytest.fixture() で修飾された関数である。
- テスト関数またはフィクスチャを他のフィクスチャに依存させるには、それらのパラメータリストにそのフィクスチャの名前を指定する。
- フィクスチャは return または yield を使ってデータを返すことができる。
- yield の手前にあるコードはセットアップコード。yield の後ろにあるコードはティアダウンコード。
- フィクスチャには、関数、クラス、モジュール、パッケージ、セッションのいずれかのスコープを設定できる。また、スコープを動的に定義することもできる。
- 複数のテスト関数で同じフィクスチャを使うことができる。
- フィクスチャが conftest.py ファイルに含まれている場合は、複数のテストモジュールで同じフィクスチャを使うことができる。

- スコープの異なる複数のフィクスチャを使うと、テストの独立性を保ったまま、テストスイートを高速化できる。
- テストとフィクスチャでは複数のフィクスチャを使うことができる。
- `autouse` フィクスチャの名前はテスト関数に指定しなくてよい。
- フィクスチャにはフィクスチャ関数とは異なる名前を付けることができる。

新しいコマンドラインフラグもいくつか紹介しました。

- `--setup-show` は実行の順序を確認するために使う。
- `--fixtures` は利用可能なフィクスチャとフィクスチャが定義されている場所を表示するために使う。
- `-s` と`--capture=no` は成功したテストでも `print` 関数の出力が表示されるようにする。

3.13 練習問題

フィクスチャは pytest でも慣れるのがなかなか難しい部分の 1 つです。以下の練習問題を解いてフィクスチャに慣れてください。以下の練習問題は、フィクスチャの仕組みをよく理解するのに役立ち、フィクスチャのさまざまなスコープを使いこなせるようになります。また、`--setup-show` の出力に基づいて実行順序をしっかり理解できます。

1. `test_fixtures.py` という名前のテストファイルを作成してください。
2. 何らかのデータを返すデータフィクスチャをいくつか書いてください。データフィクスチャは`@pytest.fixture()` で修飾された関数であり、データはリスト、ディクショナリ、またはタプルになるでしょう。
3. フィクスチャごとに、そのフィクスチャを使うテスト関数を少なくとも 1 つ書いてください。
4. 同じフィクスチャを使うテストを 2 つ書いてください。
5. `pytest --setup-show test_fixtures.py` を実行してください。各テストの前にすべてのフィクスチャが実行されるでしょうか。
6. 練習問題 4 のフィクスチャに `scope='module'` を追加してください。
7. `pytest --setup-show test_fixtures.py` を再び実行してください。何か変化したでしょうか。
8. 練習問題 6 のフィクスチャで、`return <データ>`を `yield <データ>`に変更してください。

9. `yield` の前後に `print` 文を追加してください。
10. `pytest -s -v test_fixtures.py` を実行してください。出力の内容は妥当でしょうか。
11. `pytest --fixtures` を実行してください。フィクスチャのリストは表示されたでしょうか。
12. フィクスチャの 1 つに docstring を（まだ追加していない場合は）追加してください。`pytest --fixtures` を再び実行し、追加した説明が表示されるかどうか確認してください。

3.14 次のステップ

pytest のフィクスチャの実装は非常に柔軟であり、フィクスチャをブロックのように組み合わせてテストのセットアップとティアダウンを実行できます。フィクスチャはこのように柔軟であるため、筆者はテストのセットアップをできるだけフィクスチャにまとめるようにしています。

本章では、pytest のフィクスチャを実際に記述する方法を見てきましたが、pytest にはすぐに使える便利なフィクスチャがひととおり用意されています。次章では、これらの組み込みフィクスチャのいくつかを詳しく見ていきます。

CHAPTER 4

組み込みフィクスチャ

前章では、フィクスチャとは何か、フィクスチャを書くにはどうすればよいか、そしてテストデータやセットアップ／ティアダウンコードにフィクスチャを使うにはどうすればよいかを学びました。また、複数のテストファイルでフィクスチャを共有するために conftest.py ファイルを使いました。

共通のフィクスチャの再利用は非常によい考えなので、pytest にはよく使われるフィクスチャがあらかじめ含まれています。これらの組み込みフィクスチャは、テストで何か有益なことを簡単かつ一貫した方法で行うのに役立ちます。たとえば、一時ディレクトリや一時ファイルの処理、コマンドラインオプションへのアクセス、テストセッションにまたがるやり取り、出力ストリームの検証、環境変数の変更、そして警告に関する情報の取得に役立つ組み込みフィクスチャがあります。これらの組み込みフィクスチャは pytest の基本的な機能に対する拡張です。

本章では、次の 4 つの組み込みフィクスチャを詳しく見ていきます。

- **tmp_path, tmp_path_factory**
  一時ディレクトリに使うフィクスチャ
- **capsys**
  出力のキャプチャに使うフィクスチャ
- **monkeypatch**
  環境またはアプリケーションコードの変更に使うフィクスチャ（単純なモックアップのようなもの）

これらのフィクスチャの使い方を工夫すれば、あなただけの機能を手に入れることができます。他の組み込みフィクスチャについては、pytest --fixtures の出力を調べてみることをお勧めします。

4.1 tmp_path と tmp_path_factory を使う

tmp_path と tmp_path_factory は一時ディレクトリの作成に使うフィクスチャです。tmp_path は関数スコープのフィクスチャであり、一時ディレクトリを表す pathlib.Path オブジェクトを返します。この一時ディレクトリはテストが終了した後もしばらく残っています。tmp_path_factory はセッションスコープのフィクスチャであり、TempPathFactory オブジェクトを返します。このオブジェクトには Path オブジェクトを返す mktemp() というメソッドが定義されており、このメソッドを使って複数の一時ディレクトリを作成できます。

tmp_path と tmp_path_factory の使い方はリスト 4–1 のようになります。

リスト4–1：ch4/test_tmp.py

```
def test_tmp_path(tmp_path):
    file = tmp_path / "file.txt"
    file.write_text("Hello")
    assert file.read_text() == "Hello"

def test_tmp_path_factory(tmp_path_factory):
    path = tmp_path_factory.mktemp("sub")                ←
    file = path / "file.txt"
    file.write_text("Hello")
    assert file.read_text() == "Hello"
```

tmp_path と tmp_path_factory の使い方はほぼ同じですが、次のような違いがあります。

- tmp_path_factory では、ディレクトリを取得するために mktemp() を呼び出す必要がある。
- tmp_path_factory はセッションスコープ。
- tmp_path は関数スコープ。

前章では、db フィクスチャで標準ライブラリの tempfile.TemporaryDirectory() を使いました。

リスト4–2：ch4/conftest_from_ch3.py

```
from pathlib import Path
from tempfile import TemporaryDirectory

@pytest.fixture(scope="session")
def db():
```

```
    """CardsDB object connected to a temporary database"""
    with TemporaryDirectory() as db_dir:
        db_path = Path(db_dir)
        db_ = cards.CardsDB(db_path)
        yield db_
        db_.close()
```

TemporaryDirectory() の代わりに新しい組み込みフィクスチャの 1 つを使ってみましょう。db フィクスチャはセッションスコープなので、関数スコープのフィクスチャである tmp_path は使えません。セッションスコープのフィクスチャである tmp_path_factory なら使えます。

リスト4-3：ch4/conftest.py

```
@pytest.fixture(scope="session")
def db(tmp_path_factory):
    """CardsDB object connected to a temporary database"""
    db_path = tmp_path_factory.mktemp("cards_db")
    db_ = cards.CardsDB(db_path)
    yield db_
    db_.close()
```

いいですね。pathlib や tempfile をインポートする必要がないため、これらのインポート文も削除できます。

ところで、tmp_path と tmp_path_factory に関連する組み込みフィクスチャが 2 つあります。

- ***tmpdir**
  機能的には tmp_path に似ていますが、py.path.local オブジェクトを返します。このフィクスチャは tmp_path よりもずっと前に pytest で提供されていたものです。pathlib は Python 3.4 で追加されたものですが、py.path.local はそれよりも前から存在しています。pytest では、py.path.local は徐々に使われなくなっており、代わりに標準ライブラリの pathlib が使われています。このため、tmp_path を使うことをお勧めします。
- **tmpdir_factory**
  機能的には tmp_path_factory に似ていますが、mktemp() が返すのは pathlib.Path オブジェクトではなく py.path.local オブジェクトです。

pytest に含まれている一時ディレクトリ関連のフィクスチャでは、ベースディレクトリはシステムとユーザーに依存します。このベースディレクトリはセッションが終わったらすぐに削除されるわけではないため、テストが失敗した場合はこのディレクトリを調べることができます。pytestがシステムに残しておくのは直近の数回分のベースディレクトリだけであり、それ以外は最終的にクリーンアップされます。

また、ベースディレクトリを独自に指定したい場合は、`pytest --basetemp=<ディレクトリ名>`を使う必要があります。

4.2 capsysを使う

アプリケーションコードの中には、標準出力（`stdout`）や標準エラー出力（`stderr`）などに何かを出力するものがあります。Cardsプロジェクトにもちょうどテストしなければならないコマンドラインインターフェイス（CLI）があります。

`cards version`コマンドはバージョン番号を出力することになっています。

```
$ cards version
1.0.0
```

バージョン番号はAPIでも取得できます。

```
$ python -i
>>> import cards
>>> cards.__version__
'1.0.0'
```

この機能をテストする方法の1つは、`subprocess.run()`を使ってコマンドを実行し、その出力を取得して、APIからの出力と比較してみることです。

リスト4-4：ch4/test_version.py

```
import subprocess

def test_version_v1():
    process = subprocess.run(
        ["cards", "version"], capture_output=True, text=True
    )
    output = process.stdout.rstrip()
    assert output == cards.__version__
```

`rstrip()`は改行を取り除くためのものです（この方法から見てもらうことにしたのは、サブプロセスを呼び出して出力を調べる以外に手立てがないことがあるためです。ただし、ここでは`capsys`の悪い例として使っています）。

`capsys`フィクスチャを使うと、`stdout`と`stderr`に対する出力をキャプチャできます。この部分を実装しているメソッドをCLIで直接呼び出し、`capsys`を使ってその出力を読み取ることができます。

リスト4–5：ch4/test_version.py

```
import cards

def test_version_v2(capsys):
    cards.cli.version()
    output = capsys.readouterr().out.rstrip()
    assert output == cards.__version__
```

capsys.readouterr() は out と err が格納された namedtuple を返します。リスト4–5 では out 部分だけを読み取り、rstrip() で改行を取り除いています。

capsys のもう 1 つの特徴は、pytest の通常の出力キャプチャを一時的に無効にできることです。通常 pytest はテストやアプリケーションコードからの出力をキャプチャします。これには print 文の出力も含まれます。

簡単な例を見てみましょう。

リスト4–6：ch4/test_print.py

```
def test_normal():
    print("\nnormal print")
```

このテストを実行した場合、出力は表示されません。

```
$ cd <code/ch4 へのパス>
$ pytest test_print.py::test_normal
======================== test session starts =========================
collected 1 item

test_print.py .                                                [100%]

========================= 1 passed in 0.00s ==========================
```

というのも、pytest が出力をすべてキャプチャしてしまうからです。この機能はコマンドラインセッションをすっきりとした状態に保つのに役立ちます。

とはいえ、テストが成功した場合でも、出力をすべて調べたいことがあります。-s または--capture=no フラグを使うと、出力がすべて表示されます。

```
$ pytest -s test_print.py::test_normal
======================== test session starts =========================
collected 1 item

test_print.py
```

```
normal print          ←
.

======================== 1 passed in 0.00s ===========================
```

この場合、pytest は失敗するテストの出力を最後に表示します。

失敗する単純なテストを見てみましょう。

リスト4-7：ch4/test_print.py

```
def test_fail():
    print("\nprint in failing test")
    assert False
```

出力は次のようになります。

```
$ pytest test_print.py::test_fail
======================== test session starts ===========================
collected 1 item

test_print.py F                                                   [100%]

============================== FAILURES ================================
____________________________ test_fail _________________________________

    def test_fail():
        print("\nprint in failing test")
>       assert False
E       assert False

test_print.py:7: AssertionError
------------------------ Captured stdout call ------------------------  ←
                                                                        ←
print in failing test                                                   ←
======================= short test summary info ========================
FAILED test_print.py::test_fail - assert False
========================= 1 failed in 0.04s ============================
```

出力が常に含まれるようにするもう 1 つの方法は、capsys.disabled() を使うことです。

リスト4-8：ch4/test_print.py

```
def test_disabled(capsys):
    with capsys.disabled():
        print("\ncapsys disabled print")
```

with ブロック内の出力は-s フラグを使わなくても常に表示されます。

```
$ pytest test_print.py::test_disabled
======================== test session starts =========================
collected 1 item

test_print.py
capsys disabled print
.                                                               [100%]

========================= 1 passed in 0.00s ==========================
```

参考までに、関連する組み込みフィクスチャをまとめておきます。

- **capfd**
  機能的には capsys に似ていますが、ファイルディスクリプタ 1 とファイルディスクリプタ 2 をキャプチャします。通常、これらのファイルディスクリプタは stdout と stderr です。
- **capsysbinary**
  capsys がテキストをキャプチャするのに対し、capsysbinary はバイトをキャプチャします。
- **capfdbinary**
  ファイルディスクリプタ 1 とファイルディスクリプタ 2 のバイトをキャプチャします。
- **caplog**
  ロギングパッケージの出力をキャプチャします。

4.3 monkeypatch を使う

前節の capsys の説明では、次のコードを使って Cards プロジェクトの出力をテストしました。

リスト4-9：ch4/test_version.py

```
import cards

def test_version_v2(capsys):
    cards.cli.version()
    output = capsys.readouterr().out.rstrip()
    assert output == cards.__version__
```

capsys の使い方を説明する分にはそれなりによい例でしたが、筆者ならこういうやり方では CLI をテストしません。Cards アプリケーションは Typer[1] というライブラリを使っています。このライブラリには、コードのさらに多くの部分をテストできるランナーという機能があります。この機能を利用すれば、コマンドラインのテストに近いものを作成できます。ランナーはプロセスにとどまって出力フックを提供してくれます。使い方を見てみましょう。

リスト4–10：ch4/test_version.py

```
from typer.testing import CliRunner

def test_version_v3():
    runner = CliRunner()
    result = runner.invoke(cards.app, ["version"])
    output = result.output.rstrip()
    assert output == cards.__version__
```

Cards アプリケーションの CLI に関する残りのテストでは、この出力テストの方法を出発点として使います。

CLI のテストでは、最初に cards version をテストしました。この機能はデータベースを使わないため、トップバッターにふわしいテストでした。CLI の残りの部分をテストするには、データベースを一時ディレクトリにリダイレクトする必要があります。要するに、第 3 章の 3.2 節で行ったのと同じ方法です。このリダイレクトに使うのが monkeypatch です。

「モンキーパッチ」は、実行時にクラスやモジュールを動的に変更するというものです。テスト時の「モンキーパッチ」は、アプリケーションコードの実行環境の一部を操作し、入力または出力の依存ファイルを置き換えるための便利な手段となります。それらの依存ファイルはテストにとって都合のよいオブジェクトや関数を含んでいるものに置き換えられます。monkeypatch という組み込みフィクスチャを利用すれば、たった 1 つのテストでモンキーパッチを実行できます。monkeypatch は、オブジェクト、ディクショナリ（辞書)、環境変数、python の検索パス、または現在のディレクトリを変更するために使われます。要するに、モックアップのミニバージョンのようなものです。そしてテストが終了すると、その成否に関係なく元の実行環境が復元され、モンキーパッチによって変更されたものがすべて元に戻されます。

実際に例を見てみないと、どういうことかピンときませんね。API をざっと調べてから、monkeypatch をテストコードで使う方法を見てみましょう。

[1] https://pypi.org/project/typer

monkeypatch フィクスチャは次のメソッドをサポートしています。

- **setattr(target, name, value, raising=True)**
  属性を設定する。
- **delattr(target, name, raising=True)**
  属性を削除する。
- **setitem(dic, name, value)**
  ディクショナリ（辞書）のエントリを設定する。
- **delitem(dic, name, raising=True)**
  ディクショナリのエントリを削除する。
- **setenv(name, value, prepend=None)**
  環境変数を設定する。
- **delenv(name, raising=True)**
  環境変数を削除する。
- **syspath_prepend(path)**
  sys.path の先頭に path を追加する。sys.path は Python がインポートするモジュールの検索場所が含まれたリスト。
- **chdir(path)**
  現在の作業ディレクトリを変更する。

raising パラメータは、属性、ディクショナリの要素、または環境変数がまだ存在しない場合に例外を生成するかどうかを指定します。setenv() の prepend パラメータには、1 文字の文字列を渡すことができます[2]。このパラメータを指定した場合、その環境変数の値は value +prepend + <古い値>に変更されます。

monkeypatch を使って CLI をデータベースの一時ディレクトリにリダイレクトする方法は 2 つあります。どちらの方法でも、アプリケーションコードに関する知識が求められます。そこで、cli.get_path() というメソッドを調べてみましょう。

[2] **監注**：prepend には PATH の区切り文字などを渡す。setenv("PATH", value, prepend=os.pathsep) のようにして使う（参考：https://docs.pytest.org/en/6.2.x/monkeypatch.html）。

リスト4-11：cards_proj/src/cards/cli.py

```
def get_path():
    db_path_env = os.getenv("CARDS_DB_DIR", "")
    if db_path_env:
        db_path = pathlib.Path(db_path_env)
    else:
        db_path = pathlib.Path.home() / "cards_db"
    return db_path
```

get_path() はデータベースがどこにあるかを CLI の他の部分のコードに教えるメソッドです。このメソッド全体にモンキーパッチを適用するか、pathlib.Path().home() に適用するか、または環境変数 CARDS_DB_DIR を設定することができます。

都合のよいことに、cards config コマンドはデータベースの場所を返します。このコマンドを使ってこれらの変更をテストすることにします。

```
$ cards config
/Users/okken/cards_db
```

ですがその前に、テストでは runner.invoke() を実行して cards を何回か呼び出すことになります。そこで、このコードをヘルパー関数（run_cards()）にまとめましょう。

リスト4-12：ch4/test_config.py

```
from typer.testing import CliRunner
import cards

def run_cards(*params):
    runner = CliRunner()
    result = runner.invoke(cards.app, params)
    return result.output.rstrip()

def test_run_cards():
    assert run_cards("version") == cards.__version__
```

このヘルパー関数が正常に動作することを確認するテスト関数も追加してあります。

まず、get_path() 全体にモンキーパッチを適用してみましょう。

リスト4-13：ch4/test_config.py

```
def test_patch_get_path(monkeypatch, tmp_path):
    def fake_get_path():
        return tmp_path

    monkeypatch.setattr(cards.cli, "get_path", fake_get_path)
    assert run_cards("config") == str(tmp_path)
```

モックアップと同様に、モンキーパッチでもセットアップを正しく行うために頭を切り替える必要があります。get_path() は cards.cli の属性であり、この属性を fake_get_path() に置き換える必要があります。get_path() は呼び出し可能な関数であるため、別の呼び出し可能な関数に置き換える必要があります。tmp_path は pathlib.Path オブジェクトであり、呼び出し可能な関数ではないため、そのまま置き換えるわけにはいきません。

代わりに pathlib.Path の home() を置き換えたい場合は、やはり同じようなモンキーパッチになります。

リスト4-14：ch4/test_config.py

```
def test_patch_home(monkeypatch, tmp_path):
    full_cards_dir = tmp_path / "cards_db"

    def fake_home():
        return tmp_path

    monkeypatch.setattr(cards.cli.pathlib.Path, "home", fake_home)
    assert run_cards("config") == str(full_cards_dir)
```

cards.cli は pathlib をインポートするため、cards.cli.pathlib.Path の home 属性にモンキーパッチを適用する必要があります。

実際、モンキーパッチを使ったり、モックアップを何回か行ったりするうちに、次の 2 つのことが起こるでしょう。

- モックアップやモンキーパッチを理解し始める。
- モックアップとモンキーパッチをできるだけ避けるようになる。

環境変数のモンキーパッチはそれほど複雑ではないとよいのですが。

リスト4-15：ch4/test_config.py

```
def test_patch_env_var(monkeypatch, tmp_path):
    monkeypatch.setenv("CARDS_DB_DIR", str(tmp_path))
    assert run_cards("config") == str(tmp_path)
```

見たところ、それほど複雑ではありません。ただし、筆者はずるをしました。この環境変数が実質的に Cards API の一部であるようなコードを準備しておいて、テストに使えるようにしてあるからです。

Column テスタビリティのための設計

テスタビリティのための設計は、ハードウェア設計者 ――特に集積回路の開発者が使っている概念であり、テスト容易化設計とも呼ばれます。単純に言うと、ソフトウェアにテストが容易になるような機能を追加するというものです。場合によっては、文書化されていない API を追加することや、リリース時に API の一部を無効にすることがあります。また、API を拡張した上で公開することもあります。

Cards プロジェクトの `config` コマンドはデータベースの場所を返すようになっており、環境変数 `CARDS_DB_DIR` をサポートするようになっています。これらの機能はコードをテストしやすくするために意図的に追加したものです。また、これらの機能はエンドユーザーにとっても役立つことがあります。少なくとも、ユーザーが知っておいて損はないため、パブリック API の一部として残してあります。

4.4 その他の組み込みフィクスチャ

本章では、`tmp_path`、`tmp_path_factory`、`capsys`、`monkeypatch` の 4 つの組み込みフィクスチャを取り上げました。組み込みフィクスチャは他にもいろいろあります。本書では後ほどそのうちのいくつかを取り上げます。残りの組み込みフィクスチャも必要になることがあるかもしれないので、ぜひ自分で調べてみてください。

本書の執筆時点において pytest がサポートしている残りの組み込みフィクスチャは次のとおりです。

- **capfd, capfdbinary, capsysbinary**
  `capsys` の一種であり、ファイルディスクリプタやバイナリ出力を扱います。
- **caplog**
  機能的には `capsys` などに似ており、Python の `logging` システムで作成されたメッセージで使います。
- **cache**
  pytest の実行にまたがって値を格納したり取得したりするためのフィクスチャです。このフィクスチャの最も便利な点は、`--last-failed` や`--failed-first` といったフラグを指定できることです。
- **doctest_namespace**
  pytest を使って doctest 形式のテストを実行したい場合に役立ちます。
- **pytestconfig**
  設定値、`pluginmanager`、プラグインフックにアクセスするために使います。

- **record_property, record_testsuite_property**
  テストまたはテストスイートにプロパティを追加するために使います。特に、継続的インテグレーション（CI）ツールで使うデータを XML レポートに追加するのに役立ちます。
- **recwarn**
  警告メッセージのテストに使うフィクスチャです。
- **request**
  実行中のテスト関数に関する情報を提供するためのフィクスチャです。フィクスチャのパラメータ化で最もよく使われます。
- **pytester, testdir**
  pytest プラグインの実行とテストに使う一時テストディレクトリを取得するためのフィクスチャです。`pytester` は `py.path` に基づく `testdir` に代わるもので、`pathlib` に基づいています。
- **tmpdir, tmpdir_factory**
  機能的には `tmp_path` や `tmp_path_factory` に似ており、`pathlib.Path` オブジェクトの代わりに `py.path.local` オブジェクトを返すために使います。

これらのフィクスチャの多くは残りの章で詳しく取り上げています。`pytest --fixtures` を実行すると、非常によい説明が含まれた組み込みフィクスチャの完全なリストを表示できます。より詳しい情報は pytest のオンラインドキュメント[3] で見つかります。

4.5　ここまでの復習

本章では、`tmp_path`、`tmp_path_factory`、`capsys`、`monkeypatch` の 4 つの組み込みフィクスチャを取り上げました。

- `tmp_path` フィクスチャと `tmp_path_factory` フィクスチャは一時ディレクトリの取得に使うフィクスチャであり、`tmp_path` は関数スコープ、`tmp_path_factory` はセッションスコープである。本章では取り上げていないが、関連するフィクスチャとして `tmpdir` と `tmpdir_factory` の 2 つがある。
- `capsys` は `stdout` と `stderr` のキャプチャに使うことができる。また、出力キャプチャを一時的に無効にする目的でも使うことができる。関連するフィクスチャとして、`capsysbinary`、`capfd`、`capfdbinary`、`caplog` の 4 つがある。

[3] `https://docs.pytest.org/en/latest/reference/fixtures.html`

- monkeypatch はアプリケーションコードや環境を変更するために使うことができる。Cards アプリケーションでは、データベースの保存場所を tmp_path で作成した一時ディレクトリにリダイレクトするために monkeypatch を使っている。
- これらをはじめとする pytest のフィクスチャは pytest --fixtures で調べることができる。

4.6 練習問題

組み込みフィクスチャをなるべく使うようにすると、テストコードを単純化するのに大きく役立ちます。以下の練習問題の目的は、tmp_path と monkeypatch を実際に体験してもらうことにあります。tmp_path と monkeypatch は非常によく使われる便利な組み込みフィクスチャです。

リスト 4–16 はファイルに書き込みを行うスクリプトです。

リスト4–16：ch4/hello_world.py

```
def hello():
    with open("hello.txt", "w") as f:
        f.write("Hello World!\n")

if __name__ == "__main__":
    hello()
```

1. hello() が hello.txt ファイルに正しい内容を書き込むことを検証するテストを、フィクスチャを使わずに書いてください。
2. 一時ディレクトリを扱うフィクスチャと monkeypatch.chdir() を使う 2 つ目のテストを書いてください。
3. 一時ディレクトリの場所を出力する print 文を追加し、テストを実行した後に hello.txt ファイルの内容を自分の目で確認してください。pytest はテストを実行した後も一時ディレクトリをしばらく残しておくため、デバッグ時に役立ちます。
4. それぞれのテスト内から hello() 呼び出しをコメントアウトした上で、テストをもう一度実行してください。テストは両方とも失敗するでしょうか。そうではないとしたら、なぜでしょうか。

4.7　次のステップ

ここまで使ってきたテスト関数はどれも 1 回だけ実行するものでした。次章では、テスト関数を異なるデータや異なる環境を使って何度も実行する方法を調べます。これらの方法は新しいテストを書くことなくテストをより徹底的に行うためのすばらしい手段です。

CHAPTER 5

パラメータ化

第3章ではカスタムフィクスチャ、第4章では組み込みフィクスチャを取り上げました。本章では、再びテスト関数に戻ります。ここでは、1つのテスト関数を使って複数のテストケースを実行することで、より徹底的なテストをより少ない労力で行う方法を紹介します。ここで使うのは**パラメータ化**（parametrization）です。

テストのパラメータ化は、テスト関数にパラメータを追加し、何種類かの引数をテストに渡すことで新しいテストケースを作成するというものです。ここでは、テストのパラメータ化を pytest で実装する方法として次の3つを取り上げます。パラメータ化の方法を選ぶときには、この順序で選んでください。

- 関数をパラメータ化する
- フィクスチャをパラメータ化する
- `pytest_generate_tests` というフック関数を使う

この3つの方法を比較するために、同じパラメータ化問題をそれぞれの方法で解いてみます。ただし、後ほど説明するように、状況によってはいずれかの方法が他の方法よりも適していることがあります。

パラメータ化の使い方について説明する前に、ここでパラメータ化を使って回避しようとしている冗長なコードをざっと確認します。その後、パラメータ化の3つの方法を順番に見ていきます。本章を最後まで読めば、大量のテストケースをテストする簡潔で読みやすいテストコードを作成できるようになるはずです。

5.1 パラメータ化せずにテストする

関数を使って何らかの値を送り込み、その出力が正しいかどうかをチェックするのは、ソフトウェアテストの一般的なパターンです。しかし、ひと組みの値を渡して関数を呼び出し、結果が正しいかどうかをチェックするだけでは、ほとんどの関数にとって十分なテストとは言えません。テストをパラメータ化すれば、何種類かのデータを用意して、同じテストを繰り返し呼び出すことができます。そのテストが1回でも失敗すれば、そのことを pytest が教えてくれます。

Parametrize? それとも Parameterize?

英語では、「パラメータ化」の綴りが4種類あります（parametrize、parameterize、parametrise、parameterise）。これらの違いは、"s"か"z"か、そして"t"と"r"の間に"e"があるかどうかです。

pytestが使っている綴りはparametrizeだけです。ただし、そのことを忘れて他の綴りを使った場合は、次のような助けになるエラーメッセージをpytestが生成してくれます。

```
E   Failed: Unknown 'parameterize' mark, did you mean 'parametrize'?
```

テストのパラメータ化が解決しようとしている問題がどのようなものなのかを理解するために、APIの`finish()`というメソッドのテストを見てみましょう。

リスト5-1：cards_proj/src/cards/api.py

```
def finish(self, card_id: int):
    """Set a card state to 'done'."""
    self.update_card(card_id, Card(state="done"))
```

Cardsアプリケーションが使っているカードの状態は`"todo"`、`"in prog"`、`"done"`の3つであり、このメソッドはカードの状態を`"done"`に設定します。

このことをテストする方法として考えられるのは次のようなものです。

1. `Card`オブジェクトを作成してデータベースに追加し、テストに使えるようにする。
2. `finish()`を呼び出す。
3. 最終状態が`"done"`であることを確認する。

変数の1つは`Card`オブジェクトの開始時の状態です。この変数には、`"todo"`、`"in prog"`、（あるいは最初から）`"done"`のいずれかの値が設定されます。

開始時の状態を3つともテストしてみましょう。最初のテストはリスト5-2のようになります。

リスト5-2：ch5/test_finish.py

```
from cards import Card

def test_finish_from_in_prog(cards_db):
    index = cards_db.add_card(Card("second edition", state="in prog"))
    cards_db.finish(index)
    card = cards_db.get_card(index)
    assert card.state == "done"
```

```
def test_finish_from_done(cards_db):
    index = cards_db.add_card(Card("write a book", state="done"))
    cards_db.finish(index)
    card = cards_db.get_card(index)
    assert card.state == "done"

def test_finish_from_todo(cards_db):
    index = cards_db.add_card(Card("create a course", state="todo"))
    cards_db.finish(index)
    card = cards_db.get_card(index)
    assert card.state == "done"
```

これら 3 つのテスト関数は非常によく似ています。違いは状態（state）とサマリー（summary）の値だけです。この場合は状態が 3 つだけなので、ほとんど同じコードを 3 回書くのはそれほど苦になりませんが、無駄に思えるのはたしかです。

テストを実行してみましょう。

```
$ cd <code/ch5 へのパス>
$ pytest -v test_finish.py
========================= test session starts ==========================
collected 3 items

test_finish.py::test_finish_from_in_prog PASSED                   [ 33%]
test_finish.py::test_finish_from_done PASSED                      [ 66%]
test_finish.py::test_finish_from_todo PASSED                      [100%]

========================== 3 passed in 0.05s ===========================
```

冗長なコードを減らす方法の 1 つは、それらのコードを同じ関数にまとめることです。

リスト5-3：ch5/test_finish_combined.py

```
from cards import Card

def test_finish(cards_db):
    for c in [
        Card("write a book", state="done"),
        Card("second edition", state="in prog"),
        Card("create a course", state="todo"),
    ]:
        index = cards_db.add_card(c)
        cards_db.finish(index)
        card = cards_db.get_card(index)
        assert card.state == "done"
```

この方法はそれなりにうまくいきますが、問題があります。このテストを実行して調べてみましょう。

```
$ pytest test_finish_combined.py
======================== test session starts =========================
collected 1 item

test_finish_combined.py .                                      [100%]

========================= 1 passed in 0.01s ==========================
```

テストは成功し、冗長なコードはなくなりました。ですが、喜ぶのはまだ早い! 他の問題があります。

- 報告されるテストケースが 3 つではなく 1 つになっている。
- テストケースの 1 つが失敗した場合、トレースバックか他のデバッグ情報を調べない限り、どのテストが失敗したのかわからない。
- テストケースの 1 つが失敗した場合、その後のテストケースは実行されない。pytest は assert が失敗した時点でテストの実行を中止する。

pytest のパラメータ化は、この種の問題を解決するのに申し分ありません。ここでは、関数のパラメータ化、フィクスチャのパラメータ化、pytest_generate_tests の順に見ていきます。

5.2 関数をパラメータ化する

テスト関数をパラメータ化するには、テストの定義にパラメータを追加し、テストに渡す引数を定義します。引数の定義には、@pytest.mark.parametrize() マーカーを使います。

リスト5-4：ch5/test_func_param.py

```
import pytest
from cards import Card

@pytest.mark.parametrize(
    "start_summary, start_state",
    [
        ("write a book", "done"),
        ("second edition", "in prog"),
        ("create a course", "todo"),
    ],
```

```
)
def test_finish(cards_db, start_summary, start_state):
    initial_card = Card(summary=start_summary, state=start_state)
    index = cards_db.add_card(initial_card)

    cards_db.finish(index)

    card = cards_db.get_card(index)
    assert card.state == "done"
```

test_finish 関数には、元のパラメータである cards_db フィクスチャに加えて、新しいパラメータである start_summary と start_state の 2 つが追加されています。これらのパラメータは@pytest.mark.parametrize() の 1 つ目の引数とそのまま一致します。

@pytest.mark.parametrize() の 1 つ目の引数は、パラメータの名前のリストです。これらの名前は文字列であり、["start_summary", "start_state"] のように文字列のリストとして指定するか、"start_summary, start_state"のようにコンマ区切りの文字列として指定します。@pytest.mark.parametrize() の 2 つ目の引数は、テストケースのリストです。このリストの各要素はタプルまたはリストとして表されたテストケースであり、テスト関数に渡される引数ごとに 1 つの要素を含んでいます。

pytest は、このテストを (start_summary, start_state) ペアごとに実行し、別々のテストとして報告します。

```
$ pytest -v test_func_param.py::test_finish
========================= test session starts ==========================
collected 3 items

test_func_param.py::test_finish[write a book-done] PASSED         [ 33%]
test_func_param.py::test_finish[second edition-in prog] PASSED    [ 66%]
test_func_param.py::test_finish[create a course-todo] PASSED      [100%]

========================= 3 passed in 0.05s ============================
```

この parametrize() は狙いどおりの働きをしたようです。しかし、テストケースごとに summary を変更することはこのテストにとってあまり重要ではなく、そのようにしても意味もなく複雑になるだけです。そこで、パラメータ化を start_state だけにしてみましょう。構文はどのように変化するでしょうか。

リスト5-5：ch5/test_func_param.py

```
@pytest.mark.parametrize("start_state", ["done", "in prog", "todo"])
def test_finish_simple(cards_db, start_state):
    c = Card("write a book", state=start_state)
```

```
    index = cards_db.add_card(c)
    cards_db.finish(index)
    card = cards_db.get_card(index)
    assert card.state == "done"
```

テストの大部分は以前と同じです。パラメータの「リスト」に含まれているのは 1 つだけ（"start_state"）です。テストケースのリストに含まれているパラメータの値も 1 つだけになっています。start_summary パラメータはもう関数の定義に含まれていません。start_summary は Card() 呼び出しにハードコーディングされています。

このテストを実行すると、肝心の変更箇所に焦点が絞られることがわかります。

```
$ pytest -v test_func_param.py::test_finish_simple
======================== test session starts =========================
collected 3 items

test_func_param.py::test_finish_simple[done] PASSED              [ 33%]
test_func_param.py::test_finish_simple[in prog] PASSED           [ 66%]
test_func_param.py::test_finish_simple[todo] PASSED              [100%]

========================= 3 passed in 0.05s ==========================
```

2 つの例の出力を見比べてみると、この例で表示されているのが start_state パラメータの値（"todo"、"in prog"、"done"）だけであることがわかります。最初の例では、pytest が両方のパラメータの値をハイフン（-）で区切って表示していました。変化するパラメータが 1 つだけならハイフンは必要ありません。

テストコードでも出力でも start_state の違いに焦点が絞られています。テストコードでの違いは些細なものなので、筆者はつい必要以上にパラメータを追加してしまいます。しかし、出力での違いは歴然で、テストケースの違いが出力にはっきり表れます。こうした出力の明確さはテストケースが失敗したときに大きな助けになります。テストの失敗にとって意味を持つ変更箇所にすぐに目星を付けることができます。

関数のパラメータ化の代わりにフィクスチャのパラメータ化を使って同じテストを書くこともできます。仕組みは関数のパラメータ化とほとんど同じですが、構文が異なります。

5.3 フィクスチャをパラメータ化する

関数をパラメータ化したときには、指定した引数セットごとに pytest がテスト関数を 1 回呼び出しました。フィクスチャのパラメータ化では、それらのパラメータをフィクスチャに移動します。そのようにすると、指定した値セットごとに pytest がフィクスチャを 1 回呼び出すようになります。そして、そのフィクスチャに依存しているすべてのテスト関数がフィクスチャの値ごとに 1 回呼び出されます。

フィクスチャのパラメータ化では、構文も異なります。

リスト5-6：ch5/test_fix_param.py

```
import pytest
from cards import Card

@pytest.fixture(params=["done", "in prog", "todo"])
def start_state(request):
    return request.param

def test_finish(cards_db, start_state):
    c = Card("write a book", state=start_state)
    index = cards_db.add_card(c)
    cards_db.finish(index)
    card = cards_db.get_card(index)
    assert card.state == "done"
```

start_state() は、params の値ごとに 1 回、合計 3 回呼び出されます。params の値がそれぞれ request.param に保存され、フィクスチャによって使われます。パラメータの値に依存するコードを start_state() の中に配置することも可能です。ただし、この場合は単にパラメータの値を返しています。

test_finish() は、関数のパラメータ化で使った test_finish_simple() とまったく同じですが、parametrize() マーカーは付いていません。この関数は start_state をパラメータとして使っているため、start_state() フィクスチャに渡される値ごとに pytest によって 1 回呼び出されます。テストを実行すると、前節と同じ出力が生成されます。

```
$ pytest -v test_fix_param.py
========================= test session starts ==========================
collected 3 items

test_fix_param.py::test_finish[done] PASSED                      [ 33%]
test_fix_param.py::test_finish[in prog] PASSED                   [ 66%]
test_fix_param.py::test_finish[todo] PASSED                      [100%]

========================== 3 passed in 0.05s ===========================
```

いいですね。関数をパラメータ化したときとまったく同じです。

ぱっと見たところ、フィクスチャのパラメータ化の目的は関数のパラメータ化と同じで、コードが少し増えるだけのようです。しかし、状況によっては、フィクスチャのパラメータ化のほうに分があります。

フィクスチャのパラメータ化の利点は、引数セットごとにフィクスチャを実行できることであり、テストごとに実行するセットアップやティアダウンのコードがある場合に役立ちます。たとえば、異なるデータベースに接続したり、内容が異なるファイルを選んだりできます。

また、フィクスチャのパラメータ化には、同じパラメータセットで多くのテスト関数を実行できるという利点もあります。start_state フィクスチャを使っているテストはすべて、パラメータの値ごとに 1 回、合計 3 回呼び出されるようになります。

フィクスチャのパラメータ化は、同じ問題を別の角度から捉える方法でもあります。「同じテスト、異なるデータ」の観点から考えた場合、finish() のテストであっても、筆者は関数のパラメータ化のほうを選ぶでしょう。しかし、「同じテスト、異なる start_state」の観点から考えた場合は、フィクスチャのパラメータ化のほうを選ぶでしょう[1]。

5.4 pytest_generate_tests を使ってパラメータ化する

テストをパラメータ化する 3 つ目の方法では、pytest_generate_tests というフック関数を使います。フック関数は pytest の通常の処理フローを変更するためにプラグインでよく使われます。しかし、フック関数の多くはテストファイルや conftest.py ファイルで使うことができます。

pytest_generate_tests を使って前節と同じフローを実装すると、リスト 5-7 のようになります。

リスト5-7：ch5/test_gen.py

```
from cards import Card

def pytest_generate_tests(metafunc):
    if "start_state" in metafunc.fixturenames:
        metafunc.parametrize("start_state", ["done", "in prog", "todo"])

def test_finish(cards_db, start_state):
    c = Card("write a book", state=start_state)
    index = cards_db.add_card(c)
    cards_db.finish(index)
    card = cards_db.get_card(index)
    assert card.state == "done"
```

[1] **監注**：データベース接続やファイルを開くための処理は、フィクスチャのパラメータ化であればフィクスチャ内に記述できる。関数のパラメータ化を使う場合は、こうした処理もテスト関数内に記述しなければならなくなる。

test_finish() は以前のものと同じです。変更したのは、テストが呼び出されるたびに pytest が start_state の値を設定する方法だけです。

この pytest_generate_tests 関数は、実行するテストのリストを組み立てるときに pytest によって呼び出されます。metafunc オブジェクト[2] はさまざまな情報を含んでいますが、ここでは単にパラメータ名の取得とパラメータの生成に使っています。

このテストを実行すると、見覚えのある出力が表示されます。

```
$ pytest -v test_gen.py
========================= test session starts ==========================
collected 3 items

test_gen.py::test_finish[done] PASSED                                [ 33%]
test_gen.py::test_finish[in prog] PASSED                             [ 66%]
test_gen.py::test_finish[todo] PASSED                                [100%]

========================== 3 passed in 0.06s ===========================
```

実際には、pytest_generate_tests 関数は途轍もなく強力です。この単純な例では、先の 2 つのパラメータ化と同じことをするだけですが、テストの収集時にパラメータリストをおもしろい方法で変更したい場合は、この関数が大きな助けになります。

たとえば、pytest_generate_tests 関数を使って次のようなことができます。

- metafunc を使って metafunc.config.getoption("--someflag") にアクセスできるため、コマンドラインフラグに基づいてパラメータリストを作成できる。さらに多くの値をテストするために--excessive フラグを追加したり、一部の値だけをテストするために--quick フラグを追加したりできる。
- 別のパラメータの有無に基づいてパラメータリストを作成できる。たとえば、関連する 2 つのパラメータを要求するテスト関数では、パラメータを 1 つだけ要求する場合とは異なる値を使って両方のパラメータを設定できる。
- 関連する 2 つのパラメータをたとえば次のようにして同時にパラメータ化できる。

```
metafunc.parametrize("planet, moon",
                     [('Earth', 'Moon'), ('Mars', 'Deimos'),
                      ('Mars', 'Phobos'), ...])
```

[2] https://docs.pytest.org/en/latest/reference.html#metafunc

テストをパラメータ化する 3 つの方法を見てきましたが、ここでは単に finish() に対する 1 つのテスト関数から 3 つのテストケースを作成するためにパラメータ化を使いました。しかし、パラメータ化を利用すれば、大量のテストケースを生成することも考えられます。そこで次節では、-k フラグを使ってテストの一部を選択する方法を紹介します。

5.5 キーワードを使ってテストケースを選択する

大量のテストケースをすばやく作成することにかけては、パラメータ化の威力は絶大です。このため、テストの一部だけを実行できると便利なことがよくあります。-k フラグを最初に取り上げたのは、第 2 章の 2.9 節でした。本章ではテストケースの数が多いため、このオプションを試してみることにしましょう。

```
$ pytest -v
======================== test session starts =========================
collected 16 items

test_finish.py::test_finish_from_in_prog PASSED                  [  6%]
test_finish.py::test_finish_from_done PASSED                     [ 12%]
test_finish.py::test_finish_from_todo PASSED                     [ 18%]
test_finish_combined.py::test_finish PASSED                      [ 25%]
test_fix_param.py::test_finish[done] PASSED                      [ 31%]
test_fix_param.py::test_finish[in prog] PASSED                   [ 37%]
test_fix_param.py::test_finish[todo] PASSED                      [ 43%]
test_func_param.py::test_finish[write a book-done] PASSED        [ 50%]
test_func_param.py::test_finish[second edition-in prog] PASSED   [ 56%]
test_func_param.py::test_finish[create a course-todo] PASSED     [ 62%]
test_func_param.py::test_finish_simple[done] PASSED              [ 68%]
test_func_param.py::test_finish_simple[in prog] PASSED           [ 75%]
test_func_param.py::test_finish_simple[todo] PASSED              [ 81%]
test_gen.py::test_finish[done] PASSED                            [ 87%]
test_gen.py::test_finish[in prog] PASSED                         [ 93%]
test_gen.py::test_finish[todo] PASSED                            [100%]

========================= 16 passed in 0.05s =========================
```

-k todo を指定すると、"todo"のテストケースをすべて実行できます。

```
$ pytest -v -k todo
======================== test session starts =========================
collected 16 items / 11 deselected / 5 selected

test_finish.py::test_finish_from_todo PASSED                     [ 20%]
test_fix_param.py::test_finish[todo] PASSED                      [ 40%]
```

```
test_func_param.py::test_finish[create a course-todo] PASSED      [ 60%]
test_func_param.py::test_finish_simple[todo] PASSED               [ 80%]
test_gen.py::test_finish[todo] PASSED                             [100%]

=================== 5 passed, 11 deselected in 0.02s ===================
```

"play"または"create"を含んでいるテストケースを除外したい場合は、さらに絞り込むことができます。

```
$ pytest -v -k "todo and not (play or create)"
========================= test session starts ==========================
collected 16 items / 12 deselected / 4 selected

test_finish.py::test_finish_from_todo PASSED                       [ 25%]
test_fix_param.py::test_finish[todo] PASSED                        [ 50%]
test_func_param.py::test_finish_simple[todo] PASSED                [ 75%]
test_gen.py::test_finish[todo] PASSED                              [100%]

=================== 4 passed, 12 deselected in 0.02s ===================
```

テスト関数を 1 つだけ選択することもできます。そのテスト関数はすべてのパラメータを使って実行されます。

```
$ pytest -v "test_func_param.py::test_finish"
========================= test session starts ==========================
collected 3 items

test_func_param.py::test_finish[write a book-done] PASSED         [ 33%]
test_func_param.py::test_finish[second edition-in prog] PASSED    [ 66%]
test_func_param.py::test_finish[create a course-todo] PASSED      [100%]

========================== 3 passed in 0.02s ===========================
```

テストケースを 1 つだけ選択することもできます。

```
$ pytest -v "test_func_param.py::test_finish[write a book-done]"
========================= test session starts ==========================
collected 1 item

test_func_param.py::test_finish[write a book-done] PASSED         [100%]

========================== 1 passed in 0.01s ===========================
```

引用符を使う

ハイフン（-）、角かっこ（[]）、スペースをそのまま使うとコマンドシェルに干渉することになります。パラメータ化されたテストを選択するときには、引用符（"）を使うようにしてください。

うれしいことに、テストの一部を選択する一般的な方法はすべてパラメータ化されたテストでも使うことができます。これらの手法は新しいものではありませんが、筆者はパラメータ化されたテストを実行したりデバッグしたりするときによく使っています。

5.6 ここまでの復習

本章では、テストをパラメータ化する方法として次の 3 つを紹介しました。

- テスト関数のパラメータ化。@pytest.mark.parametrize() マーカーを指定することで多くのテストケースを作成できる。
- @pytest.fixture(params=()) を使ったフィクスチャのパラメータ化。パラメータの値に基づいてフィクスチャの動作を変えたい場合に役立つ。
- pytest_generate_tests を使った複雑なパラメータセットの作成。

また、pytest -k を使ってパラメータ化されたテストの一部を実行する方法も紹介しました。

本章で取り上げたパラメータ化の効果は絶大ですが、自分のテストでパラメータ化を使うようになれば、次に示すようなもっと複雑なパラメータセットがそのうち必要になるかもしれません。

- 複数のパラメータを 3 つの方法でパラメータ化する
- 複数の方法を組み合わせて使う
- リストやジェネレータを使ってパラメータ化する
- カスタム識別子を作成する（オブジェクトを値としてパラメータ化するときに役立つ）
- 間接的なパラメータ化を使う

このような高度なシナリオについては、第 16 章で取り上げます。

5.7 練習問題

筆者が見たところ、多くの人はパラメータ化を使うようになっても最初に覚えた方法（通常は関数のパラメータ化）ばかり使って、他の方法を滅多に試さない傾向にあるようです。

以下の練習問題に取り組めば、この3つの手法がいかに簡単であるかを実感できるはずです。将来自分でテストを作成するときに、この3つの中からどれかを選択できるようになります。その時点であなたにとって最も役立つものを選択できるでしょう。

finish() はすでにテストしましたが、テストが必要な同じような API がもう1つあります。start() です。

リスト5-8：cards_proj/src/cards/api.py

```
def start(self, card_id: int):
    """Set a card state to 'in prog'."""
    self.update_card(card_id, Card(state="in prog"))
```

start() をテストするために、パラメータ化されたテストを作成してみましょう。

1. state がどの状態から始まっても start() が呼び出されると"in prog"になることを確認するテスト関数を3つ書いてください。
    - test_start_from_done()
    - test_start_from_in_prog()
    - test_start_from_todo()
2. 関数のパラメータ化を使って3つのテストケースをテストする関数 test_start() を書いてください。
3. フィクスチャのパラメータ化を使って test_start() を書き換えてください。
4. pytest_generate_tests を使って test_start() を書き換えてください。

test_start() と test_finish() を同じファイルに配置している場合は、練習問題3と練習問題4で start_state フィクスチャと pytest_generate_tests の実装を再利用できます。

共通のフィクスチャと pytest_generate_tests を conftest.py に配置して、複数のテストファイルで共有することもできます（パラメータ化されたフィクスチャも例外ではありません）。ただし、conftest.py ファイルと（start_state をパラメータ化する）pytest_generate_tests フック関数の両方に start_state フィクスチャを配置しようとした場合はうまくいきません。pytest が競合に気付いて duplicate 'start_state' エラーになります。通常、同じパラメータを2つの方法でパラメータ化することはないため、このことが問題になることはそもそもありません。

5.8　次のステップ

本章ではパラメータ化に焦点を合わせました。最初に学んだのは`@pytest.mark.parametrize`を使う方法でした。`parametrize`は pytest がサポートしている多くの組み込みマーカーの 1 つにすぎません。次章では、さらに多くの組み込みマーカーを取り上げ、マーカーを使ってテストの一部を選択する方法を学びます。ここまでは、テストの一部を実行するために何種類かの方法を試してきました。テストの一部を実行するために、特定のテスト、テストのクラス、ファイル、またはディレクトリの名前を指定できることがわかりました。また、キーワードを使ってテストを選択する方法も学びました。マーカーはテストの一部を選択するためのもう 1 つの方法です。

CHAPTER 6

マーカー

pytest の**マーカー**（marker）は、特定のテストが何か特別であることを pytest に教えるための手段です。マーカーについては、タグやラベルのようなものとして考えるとよいでしょう。時間がかかるテストがある場合は、`@pytest.mark.slow` というマーカーを付けておくと、急いでいるときにそれらのテストを pytest にスキップさせることができます。また、継続的インテグレーション（CI）システムでは、テストスイートの一部のテストに`@pytest.mark.smoke` というマーカーを付けておくと、テストパイプラインの最初のステージでそれらのテストを実行できます。実際には、どんな理由であれ一部のテストを区別したければ、マーカーを使えばよいわけです。

pytest には、テストを実行するときの方法を変更する組み込みマーカーがいくつかあります。第 5 章の 5.2 節で使った`@pytest.mark.parametrize` はその 1 つです。カスタムタグのようなマーカーを作成してテストに追加できることに加えて、特定のテストで pytest に何か特別なことをさせるために組み込みマーカーを追加することもできます。

本章では、振る舞いを変更する組み込みマーカーと、実行するテストを選択するためのカスタムマーカーという 2 種類のマーカーを詳しく見ていきます。また、テストが使っているフィクスチャにマーカーを使って情報を渡すこともできるため、その方法も調べることにします。

6.1 組み込みマーカーを使う

pytest の組み込みマーカーはテストの実行方法を変更するために使います。前章では、`@pytest.mark.parametrize()` を取り上げました。pytest 6 の時点で pytest に組み込まれているマーカーは次のとおりです。

- **@pytest.mark.filterwarnings(warning)**
  テストに警告フィルタを追加します。
- **@pytest.mark.skip(reason=None)**
  テストをスキップします（`reason` パラメータに理由を指定することもできます）。
- **@pytest.mark.skipif(condition, *, reason=None)**
  いずれかの条件が `True` の場合にテストをスキップします。

- **@pytest.mark.xfail(condition, *, reason=None, raises=None, run=True, strict=False)**
  テストが失敗すると想定されていることを pytest に伝えます。
- **@pytest.mark.parametrize(argnames, argvalues, indirect=False, ids=None, scope=None, ...)**
  テスト関数を複数回呼び出し、そのつど異なる引数を順番に渡します。
- **@pytest.mark.usefixtures(fixturename1, fixturename2, ...)**
  指定したフィクスチャがすべてテストに必要であることを pytest に伝えます。

これらの組み込みマーカーのうち最もよく使われるのは次の 4 つです。

- `@pytest.mark.parametrize()`
- `@pytest.mark.skip()`
- `@pytest.mark.skipif()`
- `@pytest.mark.xfail()`

`parametrize()` は第 5 章で使いました。ここでは、例を見ながら残りの 3 つのマーカーの仕組みを調べることにします。

6.2 pytest.mark.skip を使ってテストをスキップする

`skip()` はテストをスキップするためのマーカーです。Cards アプリケーションでは、将来のバージョンにソート機能を追加して、`Card` クラスが比較をサポートできるようにするという計画があります。そこで、`<`を使って `Card` オブジェクトを比較するためのテストを作成します。

リスト6-1：ch6/builtins/test_less_than.py

```
from cards import Card

def test_less_than():
    c1 = Card("a task")
    c2 = Card("b task")
    assert c1 < c2

def test_equality():
    c1 = Card("a task")
    c2 = Card("a task")
    assert c1 == c2
```

このテストを実行すると失敗します。

```
$ cd <code/ch6/builtins へのパス>
$ pytest --tb=short test_less_than.py
======================== test session starts =========================
collected 2 items

test_less_than.py F.                                            [100%]

============================== FAILURES ==============================
____________________________ test_less_than ____________________________
test_less_than.py:6: in test_less_than
    assert c1 < c2
E   TypeError: '<' not supported between instances of 'Card' and 'Card'
====================== short test summary info =======================
FAILED test_less_than.py::test_less_than - TypeError: '<' not support...
==================== 1 failed, 1 passed in 0.13s =====================
```

テストが失敗するのは、このアプリケーションに欠陥があるからではなく、この機能がまだ完成していないからです。では、どうすればよいでしょうか。

選択肢の 1 つは、このテストをスキップすることです。さっそく試してみましょう。

リスト6-2：ch6/builtins/test_skip.py

```
import pytest

@pytest.mark.skip(reason="Card doesn't support < comparison yet")      ←
def test_less_than():
    c1 = Card("a task")
    c2 = Card("b task")
    assert c1 < c2
```

`@pytest.mark.skip()` マーカーは、このテストを pytest にスキップさせます。`reason` パラメータは指定しなくてもよいですが、あとでメンテナンスの助けになるので、その理由を明記しておくことは重要です。

スキップするテストを実行すると、s が出力されます。

```
$ pytest test_skip.py
======================== test session starts =========================
collected 2 items

test_skip.py s.                                                 [100%]

==================== 1 passed, 1 skipped in 0.03s ====================
```

詳細モードでは、SKIPPED が出力されます。

```
$ pytest -v -ra test_skip.py
======================== test session starts =========================
collected 2 items

test_skip.py::test_less_than SKIPPED (Card doesn't support <...) [ 50%]
test_skip.py::test_equality PASSED                               [100%]

====================== short test summary info =======================
SKIPPED [1] test_skip.py:6: Card doesn't support < comparison yet
===================== 1 passed, 1 skipped in 0.03s ===================
```

マーカーに指定した理由が出力の最後の行に表示されています。出力がこのように変化したのは、コマンドラインで-ra フラグを指定したからです。-r フラグを指定すると、セッションの最後にさまざまなテスト結果の理由が表示されます。このフラグには、どのような結果の詳細が知りたいかを表す 1 文字のオプションを指定します。デフォルトでは、-rfE を指定した場合と同じになります。f は失敗したテスト、E はエラーを表します。pytest --help を実行すると、このオプションの完全なリストを確認できます。

-ra の a は"all except passed"（成功したものを除くすべて）を表します。ほとんどの場合は特定のテストが成功しなかった理由が知りたいので、-ra は最も便利なオプションです。

また、もう少し具体的に、特定の条件を満たす場合にのみテストをスキップすることもできます。次節では、その方法を調べることにします。

6.3 pytest.mark.skipif を使ってテストを条件付きでスキップする

Cards アプリケーションのバージョン 1.x.x ではソートをサポートせず、バージョン 2.x.x でサポートすることがわかっているとしましょう。この場合は、2.x.x よりも前のすべてのバージョンで、このテストを pytest にスキップさせることができます。

リスト6-3：ch6/builtins/test_skipif.py

```
import cards
from packaging.version import parse

@pytest.mark.skipif(
    parse(cards.__version__).major < 2,
    reason="Card < comparison not supported in 1.x",
)
```

```
def test_less_than():
    c1 = Card("a task")
    c2 = Card("b task")
    assert c1 < c2
```

skipif() マーカーには、条件をいくつでも必要な数だけ指定できます。いずれかの条件に当てはまる場合、そのテストはスキップされます。リスト 6–3 では、packaging.version.parse() を使ってメジャーバージョンを取り出し、数字の 2 と比較しています。

リスト 6–3 では、packaging というサードパーティパッケージを使っています。この例を試してみたい場合は、最初に pip install packaging を実行してください[1]。version.parse() は、このパッケージに含まれている便利なユーティリティの 1 つにすぎません。詳細については、packaging のドキュメント[2] を参照してください。

skip マーカーと skipif マーカーはどちらもテストを実行させません。テストをとにかく実行したい場合は、xfail マーカーを使うことができます。

オペレーティングシステム（OS）ごとに異なる方法でテストを記述する必要がある場合も skipif マーカーを使うとよいかもしれません。OS ごとに別々のテストを作成し、必要のない OS ではテストをスキップすることができます。

6.4　pytest.mark.xfail を使ってテストが失敗すると想定する

失敗するとわかっているものを含め、すべてのテストを実行したい場合は、xfail マーカーを使うことができます。

xfail の完全なシグネチャは次のとおりです。

```
@pytest.mark.xfail(condition, *, reason=None, raises=None, run=True,
                   strict=False)
```

このフィクスチャの condition パラメータは skipif と同じです。デフォルトでは、テストはとにかく実行されますが、run パラメータに False を指定すれば、pytest にテストをスキップさせることができます。raises パラメータには、XFAIL になるようにしたい例外の種類またはそのタプルを指定できます。このパラメータに指定されなかった例外はテストを失敗させます。strict パラメータは、テストが成功した場合に XPASS（strict=False）または FAILED（strict=True）を出力させるためのものです。

1　**訳注**：実行環境によっては、このパッケージは pytest をインストールするときに一緒にインストールされる。

2　https://packaging.pypa.io/en/latest/version.html

例を見てみましょう。

リスト6-4：ch6/builtins/test_xfail.py

```
@pytest.mark.xfail(
    parse(cards.__version__).major < 2,
    reason="Card < comparison not supported in 1.x",
)
def test_less_than():
    c1 = Card("a task")
    c2 = Card("b task")
    assert c1 < c2

@pytest.mark.xfail(reason="XPASS demo")
def test_xpass():
    c1 = Card("a task")
    c2 = Card("a task")
    assert c1 == c2

@pytest.mark.xfail(reason="strict demo", strict=True)
def test_xfail_strict():
    c1 = Card("a task")
    c2 = Card("a task")
    assert c1 == c2
```

リスト6-4では3つのテストを定義しています。1つは失敗するとわかっているテスト、残りの2つは成功するとわかっているテストです。これらのテストでは、xfailを使って失敗するケースと成功するケースを表す方法と、strictパラメータの効果を実際に確認できます。1つ目の例では、オプションのconditionパラメータも使っています。このパラメータはskipifの条件と同じような働きをします。

これらのテストを実行したときの結果は次のようになります。

```
$ pytest -v -ra test_xfail.py
========================= test session starts ==========================
collected 3 items

test_xfail.py::test_less_than XFAIL (Card < comparison not s...) [ 33%]
test_xfail.py::test_xpass XPASS (XPASS demo)                     [ 66%]
test_xfail.py::test_xfail_strict FAILED                          [100%]

=============================== FAILURES ===============================
__________________________ test_xfail_strict ___________________________
[XPASS(strict)] strict demo
======================= short test summary info ========================
XFAIL test_xfail.py::test_less_than
  Card < comparison not supported in 1.x
XPASS test_xfail.py::test_xpass XPASS demo
```

```
FAILED test_xfail.py::test_xfail_strict
============== 1 failed, 1 xfailed, 1 xpassed in 0.11s ===============
```

xfail マーカーが付いたテストの実行結果は次のようになります。

- 失敗するテストは XFAIL になる。
- 成功するテスト（strict=False）は XPASS になる。
- 成功するテストで strict=True を指定した場合は FAILED になる。

pytest は xfail マーカーが付いたテストが失敗したときにどう報告すべきかを心得ています。pytest は XFAIL を出力することで「あなたが言ったとおりに失敗しました」と報告しています。しかし、xfail マーカーが付いたテストが実際には成功した場合、pytest にはどう報告すればよいかがはっきりわかりません。その場合は XPASS か FAILED のどちらかになります。XPASS は「よい知らせです。失敗すると思っていたテストが成功しました」という意味で、FAILED は「テストが失敗すると思っていたようですが、そうはなりませんでした。あなたは間違っていました」という意味です。

ここであなたは決断を迫られます。xfail マーカーが付いたテストが成功した場合は XFAIL にすべきでしょうか。その場合は strict パラメータを指定しないでおきます（strict=False）。FAILED にしたい場合は、strict=True を指定します。strict パラメータは、ここで行ったように xfail マーカーのオプションとして設定するか、pytest.ini ファイルの xfail_strict=True 設定を使ってグローバルに設定することができます。pytest.ini は pytest のメインの設定ファイルです。

常に xfail_strict を使うことには、実利的な理由があります。失敗したテストをそれぞれ詳しく調べるようになるからです。strict パラメータを設定すると、あなたはテストに対する想定がコードの振る舞いと一致しないケースを調べるようになります。

xfail マーカーを使いたいと考える理由がさらに 2 つあります。

- テストファースト／テスト駆動開発（TDD）を実践していて、まだ実装していないものの近いうちに実装する予定のテストケースが大量にある場合。これから実装する機能には xfail マーカーを付けておき、実装が済んだものからマーカーを外していくことができる。まさに筆者が xfail を使うときのやり方である。xfail マーカーが付いたテストは、これから実装する機能のブランチに配置するようにしよう。
- 何か問題が起こっていて、（1 つ以上の）テストが失敗しており、その問題に対処しなければならない人やチームがすぐに動けない場合。テストに xfail マーカーを付け、strict=True を指定し、問題の報告 ID を含んだ reason が書き出されるようにしておく。そのようにすると、引き続きテストを実行しても失敗するテストのことを忘れなくなり、バグが修正されたときにそのことがきちんと通知されるようになる。

xfail や skip を使う理由として好ましくないものもあります。たとえば、将来のバージョンにあるとよさそうな機能やいらなくなりそうな機能がひらめいたとしましょう。xfail または skip マーカーが付いたテストを作成し、その機能を実装したくなったときのために取っておくとよさそうです ——うーん、よくはないですね。

このようなときは YAGNI（Ya Aren't Gonna Need It）を思い出してください。YAGNI はエクストリームプログラミングの原則であり、「機能は常に実際に必要になったときに実装し、必要になると予測した時点では実装しない」というものです[3]。先回りしてこれから実装する機能のテストを書くのは楽しいでしょうし、実際に役立つこともあります。しかし、遠い将来のことまで先取りしようとするのは時間の無駄なので、やめておきましょう。ここでの最終目標はすべてのテストを成功させることであり、skip と xfail はテストを成功させるためのものではありません。

skip、skipif、xfail の 3 つの組み込みマーカーは、必要なときはとても便利ですが、油断しているとすぐに使いすぎてしまうので注意してください。

では、頭を切り替えて、複数のテストをまとめて実行またはスキップするためのカスタムマーカーの作り方を調べてみましょう。

6.5 カスタムマーカーを使ってテストを選択する

カスタムマーカーは、自分で作成してテストに適用するマーカーです[4]。タグやラベルと同じようなものだと考えてください。実行またはスキップするテストの選択には、カスタムマーカーを使うことができます。カスタムマーカーの効果を確認するために、start 機能のテストを 2 つ見てみましょう。

リスト6-5：ch6/smoke/test_start_unmarked.py

```
import pytest
from cards import Card, InvalidCardId
```

3 http://c2.com/xp/YouArentGonnaNeedIt.html

4 **監注**：カスタムマーカーには日本語を使うこともできる。環境によっては問題になる可能性もあるので、開発環境、CI/CD 環境、利用プラグインなどで問題が起きないか確認してから使うこと。

```
def test_start(cards_db):
    """
    start changes state from "todo" to "in prog"
    """
    i = cards_db.add_card(Card("foo", state="todo"))
    cards_db.start(i)
    c = cards_db.get_card(i)
    assert c.state == "in prog"

def test_start_non_existent(cards_db):
    """
    Shouldn't be able to start a non-existent card.
    """
    any_number = 123  # db は空なので,ID 番号はすべて無効
    with pytest.raises(InvalidCardId):
        cards_db.start(any_number)
```

テストの一部 ——具体的には、成功するテストケースに"smoke"というマーカーを付けたいとしましょう。スモークテストはメインシステムの何かに深刻な障害がある場合にそのことを明らかにするテストです。そうした障害を明らかにするための代表的なテストセットをスモークテストスイートとして分けておくのはいわば常套手段です。さらに、想定されている例外をチェックするテストには"exception"というマーカーを付けます。リスト 6–5 のテストファイルに含まれているテストは 2 つだけなので、選択はとても簡単です。test_start() に"smoke"マーカーを付け、test_start_non_existent() に"exception"マーカーを付けてみましょう。

"smoke"から見ていきましょう。test_start() に@pytest.mark.smoke を追加します。

リスト6–6：ch6/smoke/test_start.py

```
@pytest.mark.smoke          ←
def test_start(cards_db):
    """
    start changes state from "todo" to "in prog"
    """
    i = cards_db.add_card(Card("foo", state="todo"))
    cards_db.start(i)
    c = cards_db.get_card(i)
    assert c.state == "in prog"
```

これで、-m smoke オプションを使って、このテストだけを選択できるはずです。

```
$ cd <code/ch6/smoke へのパス>
$ pytest -v -m smoke test_start.py
========================= test session starts ==========================
collected 2 items / 1 deselected / 1 selected
```

```
test_start.py::test_start PASSED                                    [100%]

=========================== warnings summary ============================
test_start.py:5
  <code/ch6/smoke へのパス>/test_start.py:5:
    PytestUnknownMarkWarning: Unknown pytest.mark.smoke - is this a typo?
    You can register custom marks to avoid this warning
    ......
    @pytest.mark.smoke
......
============== 1 passed, 1 deselected, 1 warning in 0.01s ==============
```

テストを1つだけ実行すること自体はたしかにうまくいきましたが、Unknown pytest.mark.smoke - is this a typo?という警告も表示されています。

最初はうっとうしく感じるかもしれませんが、この警告は天の恵みです。本来ならsmokeとするところを、誤ってsmok、somke、sokeなどのマーカーを付けてしまうのを防いでくれます。pytestはタイプミスを防ぐためにカスタムマーカーを登録することを勧めています。ここはpytestの勧めに従い、pytest.iniにmarkers sectionを追加してカスタムマーカーを登録することにしましょう。マーカーはそれぞれ<マーカー名>: <説明>形式で指定します。

リスト6-7：ch6/reg/pytest.ini

```
[pytest]
markers =
    smoke: subset of tests
```

これで、未知のマーカーに関する警告が表示されなくなるはずです。

```
$ cd <code/ch6/reg へのパス>
$ pytest -v -m smoke test_start.py
========================= test session starts ==========================
collected 2 items / 1 deselected / 1 selected

test_start.py::test_start PASSED                                    [100%]

=================== 1 passed, 1 deselected in 0.01s ====================
```

test_start_non_existent()の"exception"マーカーも同じように設定します。まず、このマーカーをpytest.iniに登録します。

リスト6-8：ch6/reg/pytest.ini

```
[pytest]
markers =
    smoke: subset of tests
    exception: check for expected exceptions        ←
```

次に、このマーカーをテストに追加します。

リスト6-9：ch6/reg/test_start.py

```
@pytest.mark.exception          ←
def test_start_non_existent(cards_db):
    """
    Shouldn't be able to start a non-existent card.
    """
    any_number = 123  # db は空なので,ID 番号はすべて無効
    with pytest.raises(InvalidCardId):
        cards_db.start(any_number)
```

そして、-m exception を指定した上でテストを実行します。

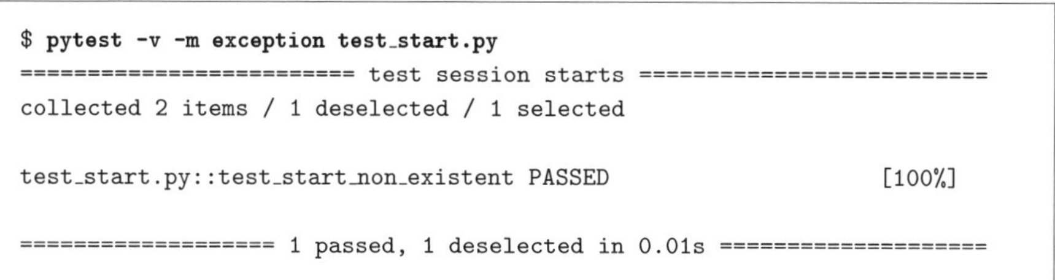

```
$ pytest -v -m exception test_start.py
========================= test session starts ==========================
collected 2 items / 1 deselected / 1 selected

test_start.py::test_start_non_existent PASSED                     [100%]

=================== 1 passed, 1 deselected in 0.01s ====================
```

ここでは、マーカーを使ってテストを 1 つ選択することを 2 回行いましたが、マーカーの効果はあまり実感できません。しかし、ファイルの数が増えてくると俄然おもしろくなってきます。

6.6 ファイル、クラス、パラメータにマーカーを追加する

test_start.py のテストでは、テスト関数に@pytest.mark.<マーカー名>という修飾子を追加しました。この方法に加えて、複数のテストにマーカーを追加するためにファイルまたはクラス全体にマーカーを追加したり、パラメータ化されたテストに的を絞って個々のパラメータ化（テストケース）にマーカーを追加したりすることもできます。さらに、1 つのテストに複数のマーカーを追加することもできます。おもしろそうですね。ここで言及したタイプのマーカーをすべて test_finish.py で使ってみましょう。

まずは、ファイルレベルのマーカーからです。

リスト6-10：ch6/multiple/test_finish.py

```
import pytest
from cards import Card, InvalidCardId

pytestmark = pytest.mark.finish
```

pytestはテストモジュールでpytestmark属性を見つけると、そのモジュール内のすべてのテストにマーカーを（1つ以上）適用します。このファイルに複数のマーカーを適用したい場合は、pytestmark = [pytest.mark.marker_one, pytest.mark.marker_two]のようにリスト形式で指定することができます。

複数のテストに一度にマーカーを付けるもう1つの方法は、それらのテストをクラスにまとめて、クラスレベルのマーカーを使うことです。

リスト6-11：ch6/multiple/test_finish.py

```
@pytest.mark.smoke          ←
class TestFinish:
    def test_finish_from_todo(self, cards_db):
        i = cards_db.add_card(Card("foo", state="todo"))
        cards_db.finish(i)
        c = cards_db.get_card(i)
        assert c.state == "done"

    def test_finish_from_in_prog(self, cards_db):
        i = cards_db.add_card(Card("foo", state="in prog"))
        cards_db.finish(i)
        c = cards_db.get_card(i)
        assert c.state == "done"

    def test_finish_from_done(self, cards_db):
        i = cards_db.add_card(Card("foo", state="done"))
        cards_db.finish(i)
        c = cards_db.get_card(i)
        assert c.state == "done"
```

テストクラスTestFinishに@pytest.mark.smokeマーカーが付いています。このようにしてテストクラスにマーカーを追加すると、実質的には、そのクラス内のすべてのテストメソッドに同じマーカーを追加することになります。また、この例では行っていませんが、個々のテストにマーカーを追加することもできます。

ファイルまたはクラスにマーカーを追加すると、複数のテストにそのマーカーが同時に追加されます。また、パラメータ化されたテストの特定のテストケース（パラメータ化）にだけマーカーを追加することもできます。

リスト6-12：ch6/multiple/test_finish.py

```
@pytest.mark.parametrize(
    "start_state",
    [
        "todo",
        pytest.param("in prog", marks=pytest.mark.smoke),
        "done",
    ],
)
def test_finish_func(cards_db, start_state):
    i = cards_db.add_card(Card("foo", state=start_state))
    cards_db.finish(i)
    c = cards_db.get_card(i)
    assert c.state == "done"
```

test_finish_func() に直接マーカーを追加するのではなく、そのパラメータ化（テストケース）の 1 つに pytest.param("in prog", marks=pytest.mark.smoke) のようにマーカーを追加しています。marks=[pytest.mark.one, pytest.mark.two] のようにリスト形式にすれば、複数のマーカーを追加することもできます。パラメータ化されたテストのすべてのテストケースにマーカーを追加したい場合は、テスト関数にマーカーを追加するときと同じように、parametrize() マーカーの上か下にマーカーを追加します。

リスト 6-12 では関数のパラメータ化にマーカーを追加しましたが、フィクスチャのパラメータ化にも同じようにマーカーを追加することができます。

リスト6-13：ch6/multiple/test_finish.py

```
@pytest.fixture(
    params=[
        "todo",
        pytest.param("in prog", marks=pytest.mark.smoke),
        "done",
    ]
)
def start_state_fixture(request):
    return request.param

def test_finish_fix(cards_db, start_state_fixture):
    i = cards_db.add_card(Card("foo", state=start_state_fixture))
    cards_db.finish(i)
    c = cards_db.get_card(i)
    assert c.state == "done"
```

関数に複数のマーカーを追加したい場合は、もちろんそうすることもできます。単にマーカーを積み重ねるだけです。例として、test_finish_non_existent() に@pytest.mark.smoke と@pytest.mark.exception を両方とも追加してみましょう。

リスト6-14：ch6/multiple/test_finish.py

```
@pytest.mark.smoke
@pytest.mark.exception
def test_finish_non_existent(cards_db):
    i = 123  # db は空なので,ID 番号はすべて無効
    with pytest.raises(InvalidCardId):
        cards_db.finish(i)
```

以上、test_finish.py に複数のマーカーを追加する方法をひととおり紹介しました。

次は、実行するテストの選択にマーカーを使ってみましょう。ただし、対象となるテストファイルは 1 つだけではありません。ここでは、pytest に 2 つのテストファイルからテストを選択させます。

-m exception を使うと、exception マーカーが追加された 2 つのテストだけが選択されるはずです。

```
$ cd <code/ch6/multiple へのパス>
$ pytest -v -m exception
======================== test session starts =========================
collected 12 items / 10 deselected / 2 selected

test_finish.py::test_finish_non_existent PASSED                 [ 50%]
test_start.py::test_start_non_existent PASSED                   [100%]

================== 2 passed, 10 deselected in 0.06s ==================
```

文句なしにいいですね。

smoke マーカーのほうはもっとたくさんのテストに追加されています。-m smoke を指定して何が返されるか見てみましょう。

```
$ pytest -v -m smoke
======================== test session starts =========================
collected 12 items / 5 deselected / 7 selected

test_finish.py::TestFinish::test_finish_from_todo PASSED           [ 14%]
test_finish.py::TestFinish::test_finish_from_in_prog PASSED        [ 28%]
test_finish.py::TestFinish::test_finish_from_done PASSED           [ 42%]
test_finish.py::test_finish_func[in prog] PASSED                   [ 57%]
test_finish.py::test_finish_fix[in prog] PASSED                    [ 71%]
test_finish.py::test_finish_non_existent PASSED                    [ 85%]
test_start.py::test_start PASSED                                   [100%]

================== 7 passed, 5 deselected in 0.03s ===================
```

こちらもいいですね。-m smoke オプションにより、TestFinish クラスのすべてのテストメソッド、パラメータ化されたテストの smoke マーカーを追加したテストケース、test_finish_non_existent テスト、そして test_start.py のテストが 1 つ表示されています。

-m finish オプションを指定すると、test_finish.py のテストがすべて表示されるはずです。

```
$ pytest -v -m finish
========================= test session starts ==========================
collected 12 items / 2 deselected / 10 selected

test_finish.py::TestFinish::test_finish_from_todo PASSED          [ 10%]
test_finish.py::TestFinish::test_finish_from_in_prog PASSED       [ 20%]
test_finish.py::TestFinish::test_finish_from_done PASSED          [ 30%]
test_finish.py::test_finish_func[todo] PASSED                     [ 40%]
test_finish.py::test_finish_func[in prog] PASSED                  [ 50%]
test_finish.py::test_finish_func[done] PASSED                     [ 60%]
test_finish.py::test_finish_fix[todo] PASSED                      [ 70%]
test_finish.py::test_finish_fix[in prog] PASSED                   [ 80%]
test_finish.py::test_finish_fix[done] PASSED                      [ 90%]
test_finish.py::test_finish_non_existent PASSED                   [100%]

=================== 10 passed, 2 deselected in 0.03s ===================
```

この場合に限って言えば、このために 1 つのファイルにわざわざマーカーを追加するのは何だかばかげているように思えるかもしれません。しかし、CLI レベルのテストがある場合は、CLI か API かでテストを分割したり、機能ごとにテストをまとめたりできると便利かもしれません。マーカーを利用すれば、テストがディレクトリやファイル構造のどこに配置されていても、それらのテストをグループにまとめることができます。

6.7 マーカーで“and”、“or”、“not”、“()”を使う

マーカーを組み合わせたり、ちょっとしたロジックを使ってテストを効率よく選択したりすることもできます。第 5 章の 5.5 節で-k フラグを使って行ったのと同じです。

-m "finish and exception"を指定すると、finish マーカーが付いているテストのうち exception マーカーが付いているものを実行できます。

```
$ pytest -v -m "finish and exception"
========================= test session starts ==========================
collected 12 items / 11 deselected / 1 selected
```

```
test_finish.py::test_finish_non_existent PASSED                [100%]

================== 1 passed, 11 deselected in 0.01s ===================
```

finish マーカーが付いているテストのうち smoke マーカーが付いていないものを実行する方法は次のようになります。

```
$ pytest -v -m "finish and not smoke"
======================== test session starts =========================
collected 12 items / 8 deselected / 4 selected

test_finish.py::test_finish_func[todo] PASSED                  [ 25%]
test_finish.py::test_finish_func[done] PASSED                  [ 50%]
test_finish.py::test_finish_fix[todo] PASSED                   [ 75%]
test_finish.py::test_finish_fix[done] PASSED                   [100%]

================== 4 passed, 8 deselected in 0.02s ===================
```

さらにこだわり、and、or、not、() を使ってマーカーを細かく指定することもできます。

```
$ pytest -v -m "(exception or smoke) and (not finish)"
======================== test session starts =========================
collected 12 items / 10 deselected / 2 selected

test_start.py::test_start PASSED                               [ 50%]
test_start.py::test_start_non_existent PASSED                  [100%]

================== 2 passed, 10 deselected in 0.01s ==================
```

テストを選択するためにマーカーとキーワードを組み合わせることもできます。smoke マーカーが付いているテストのうち TestFinish クラスに含まれていないものを実行してみましょう。

```
$ pytest -v -m smoke -k "not TestFinish"
======================== test session starts =========================
collected 12 items / 8 deselected / 4 selected

test_finish.py::test_finish_func[in prog] PASSED               [ 25%]
test_finish.py::test_finish_fix[in prog] PASSED                [ 50%]
test_finish.py::test_finish_non_existent PASSED                [ 75%]
test_start.py::test_start PASSED                               [100%]

================== 4 passed, 8 deselected in 0.02s ===================
```

マーカーとキーワードを使うときの注意点は、`-m <マーカー名>`フラグに指定するマーカー名が完全な名前でなければならないことです。これに対し、`-k <キーワード>`フラグに指定するキーワードはどちらかというと部分文字列に近いものです。たとえば、`-k "not TestFini"`は問題なくうまくいきますが、`-m smok`はうまくいきません。

では、マーカーのスペルを間違えたらどうなるのでしょうか。というわけで、次節では`--strict-markers`フラグを紹介します。

6.8 マーカーに厳しくなろう

`test_finish_non_existent()`で行ったように、`test_start_non_existent()`にも`smoke`マーカーを追加したいとしましょう。ところが、"smoke"のスペルを間違えて"smok"と入力してしまいました。

リスト6-15：ch6/bad/test_start.py

```
@pytest.mark.smok          ←
@pytest.mark.exception
def test_start_non_existent(cards_db):
    """
    Shouldn't be able to start a non-existent card.
    """
    any_number = 123  # db は空なので,ID 番号はすべて無効
    with pytest.raises(InvalidCardId):
        cards_db.start(any_number)
```

この"smoke"テストを実行しようとすると、見覚えのある警告が表示されます。

```
$ cd <code/ch6/bad へのパス>
$ pytest -m smoke
========================= test session starts ==========================
collected 12 items / 5 deselected / 7 selected

test_finish.py ......                                            [ 85%]
test_start.py .                                                  [100%]

=========================== warnings summary ===========================
test_start.py:18
  <code/ch6/bad へのパス>/test_start.py:18: PytestUnknownMarkWarning:
    Unknown pytest.mark.smok - is this a typo? ......
    @pytest.mark.smok
    ......
============== 7 passed, 5 deselected, 1 warning in 0.06s ==============
```

しかし、`--strict-markers`フラグを使うと、この警告をエラーに変えることができ

ます。

```
$ pytest --strict-markers -m smoke
======================== test session starts ==========================
collected 10 items / 1 error / 4 deselected / 6 selected

============================== ERRORS =================================
__________________________ ERROR collecting test_start.py _____________________
'smok' not found in `markers` configuration option
====================== short test summary info ========================
ERROR test_start.py
!!!!!!!!!!!!!!!! Interrupted: 1 error during collection !!!!!!!!!!!!!!!!
==================== 4 deselected, 1 error in 0.15s ====================
```

何が違うのでしょうか。まず、エラーが生成されるのはテストの実行時ではなく収集時です。テストスイートの実行が 1、2 秒で済むならともかく、もっと長くかかる場合は、フィードバックがすぐに返ってくると助かります。次に、エラーのほうが警告よりも捕捉しやすいことがあります。継続的インテグレーション（CI）システムでは特にそうです。このため、常に--strict-markers フラグを使うことをお勧めします。このフラグを pytest.ini ファイルの addopts セクションに追加しておけば、そのつど入力せずに済みます。

リスト6-16：ch6/strict/pytest.ini

```
[pytest]
markers =
    smoke: subset of tests
    exception: check for expected exceptions
    finish: all of the "cards finish" related tests
addopts =                      ←
    --strict-markers           ←
```

筆者は--strict-markers フラグを常に指定したいと思っているのですが、なかなか頭が回らないので、必ず pytest.ini ファイルに配置するようにしています。

6.9 マーカーをフィクスチャと組み合わせる

マーカーはフィクスチャと組み合わせて使うことができます。また、プラグインやフック関数と組み合わせて使うこともできます（この点については、第 15 章で取り上げます）。ここでは、Cards アプリケーションのテストを効率よく行うためにマーカーとフィクスチャを組み合わせることにします。

組み込みマーカーにはパラメータがありましたが、ここまで使ってきたカスタムマーカーにはパラメータはありませんでした。そこで、cards_db フィクスチャに渡すことができる num_cards という新しいマーカーを作成することにします。

現時点の cards_db フィクスチャは、このフィクスチャを使うテストごとにデータベースを空にします。

リスト6-17：ch6/combined/test_three_cards.py

```
@pytest.fixture(scope="function")
def cards_db(session_cards_db):
    db = session_cards_db
    db.delete_all()
    return db
```

たとえば、テストを開始するときにデータベースにカードが 3 枚含まれている状態にしたいとしましょう。単純な方法は、同じようなフィクスチャを新たに作成することです。

リスト6-18：ch6/combined/test_three_cards.py

```
@pytest.fixture(scope="function")
def cards_db_three_cards(session_cards_db):
    db = session_cards_db
    # 空の状態で開始
    db.delete_all()
    # カードを 3 枚追加
    db.add_card(Card("Learn something new"))
    db.add_card(Card("Build useful tools"))
    db.add_card(Card("Teach others"))
    return db
```

そして、空のデータベースを期待しているテストでは元のフィクスチャを使い、データベースにカードが 3 枚含まれていることを期待するテストでは新しいフィクスチャを使えばよいわけです。

リスト6-19：ch6/combined/test_three_cards.py

```
def test_zero_card(cards_db):
    assert cards_db.count() == 0

def test_three_card(cards_db_three_cards):
    cards_db = cards_db_three_cards
    assert cards_db.count() == 3
```

まあ、いいでしょう。これで、テストを開始するときにデータベースにカードが 1 枚も含まれていない状態か 3 枚含まれている状態のどちらかを選択できるようになりました。では、カードを 1 枚、4 枚、または 20 枚にしたい場合はどうすればよいでしょうか。それぞれごとにフィクスチャを作成するのでしょうか。まさか。そんなことをするよりも、必要なカードの枚数をテストから直接フィクスチャに伝えるほうがはるかに賢明です。これを可能にするのがマーカーです。

リスト 6-20 のように記述したいとしましょう。

リスト6-20：ch6/combined/test_num_cards.py

```
@pytest.mark.num_cards(3)
def test_three_cards(cards_db):
    assert cards_db.count() == 3
```

そのためには、次の作業が必要です。

1. マーカーを宣言する。
2. cards_db フィクスチャを書き換えてマーカーが使われたかどうかを検出できるようにする。
3. マーカーにパラメータとして渡された値を読み取り、データベースに事前に追加するカードの枚数を突き止める。

また、カード情報をハードコーディングするのはあまりよい方法ではないため、Faker[5] という Python パッケージに助けてもらうことにします。Faker には、フェイクデータを作成する pytest フィクスチャが含まれています。

まず、Faker をインストールする必要があります。

```
$ pip install Faker
```

次に、マーカーを宣言する必要があります。

リスト6-21：ch6/combined/pytest.ini

```
[pytest]
markers =
    smoke: subset of tests
    exception: check for expected exceptions
    finish: all of the "cards finish" related tests
    num_cards: number of cards to prefill for cards_db fixture      ←
```

cards_db フィクスチャを書き換える必要があります。

5 https://faker.readthedocs.io

リスト6-22：ch6/combined/conftest.py

```
@pytest.fixture(scope="function")
def cards_db(session_cards_db, request, faker):        ←
    db = session_cards_db
    db.delete_all()

    # ‘@pytest.mark.num_cards(<some number>)‘をサポート

    # 乱数シード
    faker.seed_instance(101)                            ←
    m = request.node.get_closest_marker("num_cards")   ←
    if m and len(m.args) > 0:                           ←
        num_cards = m.args[0]
        for _ in range(num_cards):
            db.add_card(
                Card(summary=faker.sentence(), owner=faker.first_name())
            )
    return db
```

あちこち変更したので順番に見ていきましょう。

cards_db フィクスチャのパラメータリストに request と faker が追加されています。request は m = request.node.get_closest_marker('num_cards') の行で使っています。request.node はテストに対する pytest の表現です。get_closest_marker('num_cards') は、テストに num_cards マーカーが付いている場合は Marker オブジェクトを返し、付いていない場合は None を返します。get_closest_marker() という関数名は、最初は奇妙に思えます。マーカーは 1 つしかないというのに「最も近い」とはこれいかに。マーカーはテストにも、クラスにも、ファイルにも配置できることを思い出してください。get_closest_marker('num_cards') はそのテストに最も近いマーカーを返します。それでだいたい合っています。

m and len(m.args) > 0 という式が True になるのは、テストに num_cards マーカーが付いていて、引数が渡されている場合です。len() で念入りにチェックすることで、誰かが誤ってカードの枚数を指定せずに pytest.mark.num_cards だけを使ってしまった場合に、この部分をスキップします。また、例外を発生させたり、アサーションを使ったりすることもできます。そのようにすると、ユーザーが何かを間違えているという注意喚起になります。ただし、ここでは num_cards(0) と同じということにします。

作成するカードの枚数がわかったら、Faker にデータを生成させます。Faker には faker というフィクスチャがあります。faker.seed_instance(101) を呼び出すと Faker の乱数シードが設定されるため、毎回同じデータが返されます。ここでは、ランダムデータを取得するためではなく、データを自分で作成せずに済ませるために Faker を使います。summary フィールドの設定は faker.sentence() というメソッドで、owner フィールドの設定は faker.first_name() というメソッドでうまくいきます。Faker には便利な機能が他にもいろいろあります。新しいプロジェクトに取り組むときはぜひ Faker のドキュメントで他の機能を調べてみてください。

たったこれだけです。num_cards マーカーを使わない古いテストも、データベースにカードが何枚か含まれていることを要求する新しいテストも、この新しいフィクスチャでうまくいきます。

リスト6-23：ch6/combined/test_num_cards.py

```
import pytest

def test_no_marker(cards_db):
    assert cards_db.count() == 0

@pytest.mark.num_cards
def test_marker_with_no_param(cards_db):
    assert cards_db.count() == 0

@pytest.mark.num_cards(3)
def test_three_cards(cards_db):
    assert cards_db.count() == 3
    # おもしろそうなので,Faker が作ったカードを調べてみよう
    print()
    for c in cards_db.list_cards():
        print(c)

@pytest.mark.num_cards(10)
def test_ten_cards(cards_db):
    assert cards_db.count() == 10
```

それから、筆者はフェイクデータがどんなものなのかが気になるので、test_three_cards() に print 文を追加しておきました。

これらのテストを実行してうまくいくことを確認し、フェイクデータがどんなものか見てみましょう。

```
$ cd <code/ch6/combined へのパス>
$ pytest -v -s test_num_cards.py
========================= test session starts ==========================
collected 4 items

test_num_cards.py::test_no_marker PASSED
test_num_cards.py::test_marker_with_no_param PASSED
test_num_cards.py::test_three_cards
Card(summary='Suggest training much grow any me own true.', owner='Todd',
     state='todo', id=1)
Card(summary='Forget just effort claim knowledge.', owner='Amanda',
```

```
     state='todo', id=2)
Card(summary='Line for PM identify decade.', owner='Russell',
     state='todo', id=3)
PASSED
test_num_cards.py::test_ten_cards PASSED

========================= 4 passed in 0.06s ===========================
```

何だかよくわからない文ですが、コードをテストする分には、これで十分です。必要であれば、マーカーとフィクスチャをこのように組み合わせて、さらにFakerを使うことで、一意なカードがぎっしり詰まったデータベースを作成することもできます。

ここでは、ちょっとおもしろい実験としてマーカー、フィクスチャ、サードパーティパッケージを使った例を紹介しましたが、pytestのさまざまな機能を1つに組み合わせたときの威力を実感できたと思います。1つ1つの機能は単純かもしれませんが、それらを足し合わせたものよりも大きな効果が得られます。ほんのわずかな作業で、データベースを空にする `cards_db` フィクスチャが、`@pytest.mark.num_cards(<カードの枚数>)` をテストに追加するだけでデータベースに任意の数のエントリを追加するフィクスチャに変換されました。これはすごいことであり、しかも使い方も簡単です。

6.10 マーカーをリストアップする

本章ではいろいろなマーカーを取り上げてきました。組み込みマーカー `skip`、`skipif`、`xfail` を使い、カスタムマーカー `smoke`、`exception`、`finish`、`num_cards` を作成しました。組み込みマーカーは他にもいくつかあります。pytestのプラグインを使うようになれば、それらのプラグインにもマーカーが含まれているかもしれません。

`pytest --markers` を実行すると、利用可能なマーカーがそれらの説明やパラメータを含めて一覧表示されます。

```
$ cd <code/ch6/multiple へのパス>
$ pytest --markers
@pytest.mark.smoke: subset of tests

@pytest.mark.exception: check for expected exceptions

@pytest.mark.finish: all of the "cards finish" related tests

@pytest.mark.num_cards: number of cards to prefill for cards_db fixture
......
@pytest.mark.skip(reason=None): skip the given test function with an
optional reason...
```

```
......
@pytest.mark.skipif(condition, ..., *, reason=...): skip the given test
function if any of the conditions evaluate to True...
......
@pytest.mark.xfail(condition, ..., *, reason=..., run=True, raises=None,
strict=xfail_strict): mark the test function as an expected failure if any
of the conditions evaluate to True...
......
@pytest.mark.parametrize(argnames, argvalues): call a test function multiple
times passing in different arguments in turn...
......
```

この機能はマーカーをざっと調べたいときに重宝します。カスタムマーカーにもぜひ参考になる説明文を追加しておいてください。

6.11 ここまでの復習

本章では、カスタムマーカー、組み込みマーカー、そしてマーカーを使ってフィクスチャにデータを渡す方法を調べました。また、新しいオプションや pytest.ini を変更する方法も紹介しました。

次に示すのは pytest.ini ファイルの例です。

```
[pytest]
markers =
    <marker_name>: <marker_description>
    <marker_name>: <marker_description>
addopts =
    --strict-markers
    -ra
xfail_strict = true
```

- カスタムマーカーは markers セクションで宣言する。
- --strict-markers フラグを指定すると、宣言されていないマーカーを使っている場合はエラーになる。デフォルトでは警告が生成される。
- -ra フラグを指定すると、テストが成功しない理由が出力される。テストが成功しない理由は FAILED、ERROR、SKIPPED、XFAIL、XPASS で示される。
- xfail_strict=True を設定すると、xfail マーカーが付いた成功するテストはすべて、システムの振る舞いに対する理解が間違っていたという理由で FAILED になる。成功する xfail テストを XPASS にしたい場合は、このオプションを指定しないでおく。

- カスタムマーカーでは、実行するテストを-m "<マーカー名>"フラグで選択するか、実行しないテストを-m "not <マーカー名>"フラグで選択することができる。
- マーカーをテストに追加するには、@pytest.mark.<マーカー名>構文を使う。
- クラスのマーカーにも@pytest.mark.<マーカー名>構文を使う。そのようにすると、クラスのすべてのテストメソッドに同じマーカーが追加される。
- マーカーをファイルに追加するには、pytestmark = pytest.mark.<マーカー名>または pytestmark = [pytest.mark.<マーカー 1>、 pytest.mark.<マーカー 2>] 構文を使う。
- パラメータ化されたテストでは、個々のパラメータ化に pytest.param("<実際のパラメータ>"、 marks=pytest.mark.<マーカー名>) でマーカーを追加できる。ファイルの場合と同様に、マーカーのリストを指定することもできる。
- -m フラグでは、and、or、not の 3 つの論理演算子と () を使うことができる。
- pytest --markers は利用可能なマーカーを一覧表示する。
- 組み込みマーカーは追加の機能を提供する。本章では、skip、skipif、xfail の 3 つの組み込みマーカーを取り上げた。
- テストには複数のマーカーを追加できる。マーカーは複数のテストに追加できる。
- フィクスチャでは、request.node.get_closest_marker("<マーカー名>") を使ってマーカーにアクセスできる。
- .args 属性と .kwargs 属性を使ってマーカーの引数にアクセスできる。
- Faker は便利な Python パッケージであり、フェイクデータを生成する faker という pytest フィクスチャを提供する。

6.12 練習問題

マーカーを使ったテストの選択は、pytest でテストの一部を実行するのに非常に役立ちます。以下の練習問題を解けば、マーカーを使いこなせるようになるはずです。

code/exercises/ch6 ディレクトリには、2 つのファイルが含まれています。

```
exercises/ch6
├──── pytest.ini
└──── test_markers.py
```

test_markers.py ファイルには、テストケースが 7 つ含まれています。

```
$ cd <code/exercises/ch6 へのパス>
$ pytest -v
======================== test session starts =========================
collected 7 items

test_markers.py::test_one PASSED                                  [ 14%]
test_markers.py::test_two PASSED                                  [ 28%]
test_markers.py::test_three PASSED                                [ 42%]
test_markers.py::TestClass::test_four PASSED                      [ 57%]
test_markers.py::TestClass::test_five PASSED                      [ 71%]
test_markers.py::test_param[6] PASSED                             [ 85%]
test_markers.py::test_param[7] PASSED                             [100%]

======================== 7 passed in 0.06s ===========================
```

1. pytest.ini を書き換えて、odd、testclass、all の 3 つのマーカーを登録してください。
2. 奇数のテストケースに odd マーカーを追加してください。
3. ファイルレベルのマーカーを使って all マーカーを追加してください。
4. テストクラスに testclass マーカーを追加してください。
5. all マーカーを使ってすべてのテストを実行してください。
6. odd マーカーが付いているテストを実行してください。
7. odd マーカーが付いているテストのうち testclass マーカーが付いていないものを実行してください。
8. パラメータ化されたテストのうち odd マーカーが付いているものを実行してください（ヒント：マーカーとキーワードフラグを両方とも使ってください）。

6.13 次のステップ

Part 1 では、pytest の主力となる機能をすべて学びました。

Part 2 では、Cards プロジェクトの完全なテストスイートを構築しながら、現実のプロジェクトのテストに関連するスキルの数々を学びます。テスト戦略を調べてテストスイートを構築し、コードカバレッジを使って見落としがないか確認し、モックを使ってユーザーインターフェイスをテストし、テストの失敗をデバッグする方法を学び、tox を使って開発ワークフローをセットアップし、pytest が継続的インテグレーション（CI）システムにいかにうまく対応するのかを学びます。そして、インストール可能な Python パッケージ以外のものをテストする場合にコードがどこにあるかを pytest に教える方法も学びます。

盛りだくさんの内容ですが、ぜひ楽しんでください。

PART 2
プロジェクトに取り組む

CHAPTER 7

戦略

本書のここまでの部分では、pytest のメカニズムについて説明してきました。pytest のメカニズムは、ソフトウェアテストの「どのようにテストを書くか」にあたる部分であり、テスト関数の記述、フィクスチャの使用、パラメータ化されたテストの実装で構成されます。本章では、pytest について学んできたことをすべて使って、Cards プロジェクトのテスト戦略を作成します。テスト戦略の作成は、ソフトウェアテストの「どのようなテストを書くか」にあたる部分です。

テスト戦略はテストスイートの目標を定義することから始まります。続いて、Cards プロジェクトのソフトウェアアーキテクチャがこのテスト戦略にどのような影響を与えるのか、そしてテストのニーズからどのような影響を受けるのかを探ります。さらに、テストする機能を選択し、優先順位を決めます。テストしなければならない機能が判明したら、テストに必要なテストケースをリストアップできます。この理路整然とした計画全体の策定にはそれほど時間はかかりませんし、ちゃんとした最初のテストスイートを生成するのに役立つでしょう。

本章の内容はソフトウェアテスト戦略全体を完全にカバーするものではありませんが(このテーマだけで 1 冊の本ができてしまいます)、1 つのプロジェクトで考えられるテスト戦略を調べておけば、自分のプロジェクトにとって最適なテスト戦略を判断できるようになるでしょう。

7.1 テストの範囲を決める

テストの目標と要件はプロジェクトごとに異なります。心拍数モニタリングシステム、航空管制システム、スマートブレーキシステムといったセーフティクリティカルシステムでは、あらゆるレベルで徹底的なテストが求められます。その一方で、アニメーション GIF を作成するためのツールもあります。ほとんどのソフトウェアはその中間にあります。

ユーザーから見える機能の振る舞いはほぼ例外なくテストしたほうがよいでしょう。しかし、どこまでテストする必要があるかを判断するときには、検討しなければならない問題が他にもいろいろあります。

- **セキュリティ**
  セキュリティ対策は必要でしょうか。機密情報を保存する場合はこのことが特に重要となります。
- **パフォーマンス**
  インタラクションは高速にすべきでしょうか。速度的にはどれくらいでしょうか。
- **負荷**
  大勢のユーザーからの大量のリクエストに対処できるしょうか。その必要があると見込んでいるでしょうか。その場合は、そのためのテストをすべきです。
- **入力バリデーション**
  実際には、ユーザー入力を受け取るシステムはどのようなものであれ、そのデータを使う前に検証を行うべきです。

Cardsプロジェクトは個人または小さなチームで使うことを想定したものです。たとえそうであっても、実際には、上記の問題はどれもこのプロジェクトに当てはまります。プロジェクトの規模が大きくなればなおさらです。では、最初のテストスイートでは、テストをどれくらい行うべきでしょうか。最初は次のようにするのが妥当でしょう。

- ユーザーから見える機能の振る舞いをテストする。
- 現在の設計のセキュリティテスト、パフォーマンステスト、負荷テストは後回しにする。現在の設計では、データベースはユーザーのホームディレクトリに格納される。このデータベースを複数のユーザーによって共有される場所に移動するとしたら、上記の問題の重要性は間違いなく高まるだろう。
- Cardsがシングルユーザーアプリケーションである間は、入力の検証もそれほど重要ではない。しかし、アプリケーションの使用時にスタックトレースが表示されるのは避けたいので、少なくともCLIレベルで不正な入力をテストすべきである。

すべてのプロジェクトに必要なのは機能テストです。しかし、機能テスト1つをとっても、どの機能をどの優先順位でテストするのかを決めなければなりませんし、機能ごとにテストケースを決める必要もあります。

理路整然とした方法で取り組めば、どの作業もかなり単純になります。例として、Cardsプロジェクトでこの作業を最初から最後まで行うことにします。まず、機能の優先順位を決定し、テストケースを生成することから始めます。しかし、プロジェクトのソフトウェアアーキテクチャがテスト戦略の選択にどのような影響を与えるのかが気になります。作業に取りかかる前に、この点を調べておきましょう。

安眠のためのテスト

夜ぐっすり眠れるくらい十分なテストという発想は、真夜中にソフトウェアが動かなくなったら開発者が呼び付けられるソフトウェアシステムがきっかけで生まれたのかもしれません。今では、その意味するところは、ソフトウェアが十分にテストされていることがわかっているので枕を高くして眠れるというところまで拡大されています。かなり大雑把な考え方ですが、以降の節で、どの機能をテストすべきか、どのテストケースが必要かを評価するときに、この発想が助けになるでしょう。

7.2 ソフトウェアアーキテクチャについて考える

アプリケーションがどのような構成になっているか――つまり、そのアプリケーションのソフトウェアアーキテクチャは、テスト戦略を決めるときに重要なポイントとなります。ソフトウェアアーキテクチャはいろいろなことに関連しています。プロジェクトのソフトウェアがどのような構成になっているか、どのようなAPIが利用できるか、どのようなインターフェイスがあるか、コードの複雑な部分がどこにあるか、どのようにモジュール化されているかといったことはどれもソフトウェアアーキテクチャの一部です。テスト絡みでは、システムのどれだけの部分をテストしなければならないか、そしてエントリポイントがどこにあるかを知る必要があります。

単純な例として、あるモジュールに存在するコードをテストしているとしましょう。このモジュールはコマンドラインで使うためのもので、出力を書き出すもの以外にインタラクティブコンポーネントはなく、APIもありません。また、このモジュールはPythonで書かれていません。となると、選択の余地はなく、ブラックボックスとしてテストするしかありません。つまり、テストコードからさまざまなパラメータや状態を使ってモジュールを呼び出し、その出力を調べることになります。

そのコードがPythonで書かれていて、インポート可能で、モジュール内の関数を呼び出してさまざまな部分をテストできるとしたら、私たちには選択肢がいくつかあります。このモジュールもやはりブラックボックスとしてテストできますが、モジュール内の関数を別々にテストしたければそうすることもできます。

もっと大規模なシステムでも同じように考えることができます。テスト対象のソフトウェアがPythonパッケージとして設計されていて、大量のサブモジュールで構成されているとしましょう。この場合もやはりCLIレベルでテストできますが、もっと細かいレベルでもテストできます。たとえば、モジュールごとに、あるいはモジュール内の関数ごとにテストできます。連動するサブシステムとして設計されたさらに大規模なシステムでは、それぞれのサブシステムが複数のパッケージやモジュールを使っているかもしれません。

このようなことの1つ1つがテスト戦略にさまざまな形で影響を与えます。

- どのレベルでテストすべきか。トップレベルのユーザーインターフェイス（UI）か。それとももっと低いレベルか。サブシステムレベルでテストすべきか。すべてのレベルでテストすべきか。
- さまざまなレベルでのテストはどれくらい簡単か。最も難しいのはたいていUIのテストだが、顧客向けの機能と結び付けるのが容易な部分でもある。個々の関数のテストを実装するのは簡単かもしれないが、顧客の要件と結び付けるのはそれほど簡単ではない。
- さまざまなレベルとそれぞれのテストを担当するのは誰か。あなたが担当しているのがサブシステムである場合、あなたがテストしなければならないのはそのサブシステムだけだろうか。システムのテストは他の誰かが行うのだろうか。そうであれば選択は簡単で、あなたは自分のサブシステムをテストすればよい。とはいえ、少なくともシステムレベルで何がテストされているのかを知った上で作業に取りかかるのがよいだろう。

話を少し単純にするために、あなたとあなたのチームが何もかも担当していて、ソフトウェアが階層構造になっているとしましょう。一番上にあるUI層はロジックがほとんどない超薄い層であり、API層やシステム内の他の部分を呼び出すようになっています。コードの残りの部分は巨大な1つのファイルかもしれませんし、サブシステムやモジュールとしてうまく設計されているかもしれません。

となると、システムテストは実質的にAPI層に対するテストになります。UI層については、APIを正しく呼び出すことを確認する最低限のテストを行うことになるでしょう。つまり、システムテストとしてUI層で高レベルのテストを行った後、API層を集中的にテストすればよいはずです。

この単純なシステムはCardsプロジェクトのシステムそのものです。Cardsプロジェクトは次の3つの層で実装されています。

1. CLI層（`cli.py`）
2. API層（`api.py`）
3. DB層（`db.py`）

CLI層は`cli.py`で実装されており、TyperとRichの2つのサードパーティパッケージに依存しています。Typer[1] は CLI の構築に使っているツールです。Rich[2] はターミナルでさまざまな書式設定を行うことができるライブラリですが、ここでは単にテーブルの書式を整えるために使っています。CLI は意図的にできるだけ薄い層にしており、ほぼすべてのロジックが API 層に配置されています。

データベースの操作は `db.py` で実装されており、TinyDB[3] というサードパーティパッケージを使っています。TinyDB が実際のデータベースです。この層もできるだけ薄くしてあります。

`cli.py` と `db.py` の両方をできるだけ薄くしているのには、次の 2 つの理由があります。

- API を使ったテストにより、システムとロジックのほとんどがテストされる。
- サードパーティパッケージへの依存が 1 つのファイルに隔離される。

サードパーティパッケージを隔離することにはさまざまな利点があります。それらの依存パッケージのインターフェイスが変更されたために何らかの変更が必要になったとしても、変更しなければならないファイルは 1 つだけです。依存パッケージを何か別のものに置き換える場合も、変更しなければならないファイルはやはり 1 つだけです。たとえば、別のデータベースバックエンドを試してみたい場合は、エントリポイントとして `db.py` を使うテストスイートを作成し、データベースを変更し、`db.py` でデータベースアダプタを書き換えるだけでよいはずです。

Cards プロジェクトの `cli.py` を薄く保っている主な理由は、そのようにするとほとんどのテストのターゲットを API にできるからです。`db.py` を薄く保っている主な理由は、そのようにするとデータベースの期待値のテストを分離できるようになるからです。

このことはテスト戦略とどう関係するのでしょうか。

- CLI のロジックはほんのわずかなので、ほぼすべての部分のテストに API を使うことができる。
- CLI のテストでは、CLI が API の正しいエントリポイントを呼び出すことを確認できれば、それで十分なはずである。
- データベースの操作は `db.py` に分離されているため、サブシステムのテストが必要であると感じた場合はそのテストを DB 層に追加できる。

---

[1] https://pypi.org/project/typer
[2] https://pypi.org/project/rich
[3] https://pypi.org/project/tinydb

APIを使ってテストを行うとしても、テストを実装することに夢中になるのではなく、エンドユーザーから見える振る舞いをテストすることに集中したいところです。したがって、Cardsプロジェクトにとってうまくいくテスト戦略は次のようなものになります。

- ユーザーが利用できる（CLIでユーザーに表示される）機能をテストする。
- それらの機能のテストには（CLIではなく）APIを使う。
- CLIについては、CLIがAPIに正しく接続していることを確認するのに十分なテストを行う。

出発点としてはよさそうです。分離した状態でのデータベースのテストはひとまず後回しにできます。次は、何をテストするのかを決めるために、ユーザーから見える機能を調べてみましょう。

7.3 テストする機能を調べる

テストケースを作成するには、まず、どの機能をテストするのかを調べる必要があります。テストする機能の数が多い場合は、テストの開発に優先順位を付ける必要があります。少なくともだいたいの順序がわかっていると助けになります。

筆者はたいてい次の5つの基準に基づいてテストする機能の優先順位を決めています。

- **Recent**
  新しい機能、コードの新しい部分、および修復、リファクタリング、変更を最近行った機能
- **Core**
  製品のUSP（Unique Selling Proposition）。つまり、それらが動作していないと製品の有効性が損なわれるような機能
- **Risk**
  アプリケーションにおいてリスクの大きい部分。たとえば、顧客にとって重要だが開発チームがあまり使わない部分や、あまり信頼できないサードパーティのコードを使っている部分
- **Problematic**
  誤動作が多い機能、または不具合がよく報告される機能
- **Expertise**
  限られた人だけが理解している機能またはアルゴリズム

Cards アプリケーションの機能はそれほど多くありません。エンドユーザーから見える機能を調べてみましょう。

```
$ cards --help
Usage: cards [OPTIONS] COMMAND [ARGS]...

  Cards is a small command line task tracking application.

Options:
    --help Show this message and exit.

Commands:
  add      Add a card to db.
  config   List the path to the Cards db.
  count    Return number of cards in db.
  delete   Remove card in db with given id.
  finish   Set a card state to 'done'.
  list     List cards in db.
  start    Set a card state to 'in prog'.
  update   Modify a card in db with given id with new info.
  version  Return version of cards application
```

ここでは、Cards プロジェクトをテストが必要なレガシーシステムとして扱っているため、5 つの基準の中でも特に次の 2 つが役立ちます。

- **Core**
  add、count、delete、finish、list、start、update はどれも中核的な機能に思えます。config と version はそれほど重要ではないように思えます。
- **Risk**
  サードパーティパッケージは、CLI で使っている Typer とデータベースで使っている TinyDB の 2 つです。これらのパッケージを使っている部分を集中的にテストするのが賢明に思えます。Typer を使っている部分のテストは CLI のテストで行います。TinyDB を使っている部分のテストは、実際には他のすべてのテストで行うことになります。TinyDB の操作は db.py に分離されているため、必要であれば DB 層に焦点を合わせたテストを作成できます。

この場合は機能の数が少ないので、Cards プロジェクトのすべての部分を実際にテストすることになります。ただし、このように機能をざっと分析するだけでも戦略を立てるのに役立ちます。

- 中核的な機能を徹底的にテストする。
- それ以外の機能についても少なくとも 1 つのテストケースでテストする。
- CLI を分離した状態でテストする。

では、この戦略に基づいてテストケースを作成してみましょう。

7.4　テストケースを作成する

テスト戦略の目標と範囲が決まったところで、テストケースの作成も同じように行えば簡単です。最初のテストケースの作成には、次の基準が役立つでしょう。

1. 最初に、自明ではない「ハッピーパス」テストケースを作成する。
2. 次に、以下の要素に対するテストケースを調べる。
    - 興味深い入力
    - 興味深い開始状態
    - 興味深い終了状態
    - エラー状態として考えられるものすべて

これらのテストケースの中には重複するものがあるでしょう。テストケースが上記の基準を 2 つ以上満たしていれば、それで問題ありません。Cards プロジェクトの機能がどのようなものか理解するために、実際にいくつか試してみましょう。

`count` コマンドのハッピーパステストケースは、「データベースが空の場合、`count` は 0 を返す」のようなものになるかもしれません。ただし、筆者なら「自明なテストケース」と考えるものでもあり、大したテストにはなりそうにありません。`count` コマンドが 0 を返すようにハードコーディングされていたらどうなるかという問題もあります。そこで、ハッピーパステストケースのうち自明ではない妥当なテストケースは次のようになります。

- データベースに 3 枚のカードが含まれている場合、`count` は 3 を返す。

興味深い入力は何でしょうか。`count` コマンドにはパラメータがないため、該当するものはありません。

興味深い開始状態は何でしょうか。次の 3 つの状態が考えられます。

- データベースが空である
- データベースにカードが 1 枚含まれている

- データベースにカードが何枚か含まれている

興味深い終了状態は何でしょうか。count コマンドはデータベースを書き換えないため、該当するものはありません。

エラー状態はどうでしょうか。これも思い付くものはないですね。

したがって、count コマンドのテストケースは次の 3 つになります。

- データベースが空のときの count
- データベースにカードが 1 枚含まれているときの count
- データベースにカードが何枚か含まれているときの count

最後のテストはハッピーパステストケースに該当するため、この 3 つで十分でしょう。

実際には、他の基準に基づいて生成された他のテストケースの 1 つによってハッピーパスが満たされることがよくあります。だとしたら、自明ではないハッピーパステストケースについてわざわざ考えるのはなぜでしょうか。その理由は 2 つあります。1 つは、急いでいるときは、テストしている機能ごとに、自明ではないハッピーパステストケースを 1 つだけ作成するという手があることです。テストケースとしては完全ではありませんが、最低限の作業でシステムの大部分をテストするのにかなり効果的です。筆者自身、このようにしてハッピーパステストケースを作成し、あとからテストケースを追加するという方法をとったことが何度かありました。

ハッピーパスから始めるもう 1 つの理由は、他の基準について考えるのがかなり楽になることです。うまくいかない可能性があるものから始めると、うまくいくケースのテストを忘れてしまうことがあります。

次は、add と delete を調べてみましょう。

```
$ cards add --help
Usage: cards add [OPTIONS] SUMMARY...

  Add a card to db.

Arguments:
  SUMMARY...  [required]

Options:
  -o, --owner TEXT
  --help            Show this message and exit.
```

自明ではないハッピーパステストケースは、空ではないデータベースにカードを追加するものになるかもしれません。サマリー（summary）は必ず指定しなければなりませんが、所有者（owner）は指定しなくてもよいことになっています。したがって、サマリーだけを指定するケースと、サマリーと所有者の両方を指定するケースをテストすべきです。サマリーを指定しない場合はどうなるのでしょうか。その場合はエラー状態に分類されるでしょう。所有者が空のテキストである場合も同様です。新たに追加するカードのサマリーと所有者が既存のカードのものと同じである場合はどうなるのでしょうか。そのカードを追加すべきでしょうか。それともエラー状態として拒否すべきでしょうか。この質問は開発時にテストを書くことの価値を浮き彫りにしています。あるいは少なくとも、振る舞いや API が変わると既存のユーザーを混乱させるため簡単には変更できないという状態になる前にテストを書くべきです。では、このカードは追加すべきでしょうか。拒否すべきでしょうか。Cards アプリケーションはカードの重複を許可しますが、どちらの答えも妥当です。とはいえ、やはりそのテストを行うべきです。

add コマンドのテストケースは次のようになります。

- サマリーを指定したカードを空のデータベースに add する
- サマリーを指定したカードを空ではないデータベースに add する
- サマリーと所有者を両方とも指定したカードを add する
- サマリーを指定せずにカードを add する
- 重複するカードを add する

delete コマンドのヘルプテキストを見てみましょう。

```
$ cards delete --help
Usage: cards delete [OPTIONS] CARD_ID

  Remove card in db with given id.

Arguments:
  CARD_ID [required]

Options:
  --help Show this message and exit.
```

最初の「自明ではないハッピーパステストケース」として、複数のカードを含んでいるデータベースからカードを 1 枚削除してみましょう。入力はカードの ID だけです。興味深いオプションとしては、存在する ID と存在しない ID が考えられます。興味深い開始状態としては、空のデータベース、削除するカードを含んでいるデータベース、空ではないが削除するカードを含んでいないデータベースの 3 つが考えられます。終了状態が有効な基準となるのは最後の最後です。というのも、削除コマンドによって空ではないデータベースが空になることがあるからです。エラー状態として考えられるのは、存在しないカードの削除だけです。

したがって、`delete` コマンドのテストケースは次の 3 つになります。

- 複数のカードを含んでいるデータベースからカードを 1 枚 `delete` する
- 最後のカードを `delete` する
- 存在しないカードを `delete` する

`add`、`delete`、`count` のテストケースを作成したところで、`start` と `finish` をまとめて見てみましょう。これらのコマンドは 1 枚のカードの状態を変更するため、データベースの状態を調べることよりもカードの状態を調べることのほうが重要となります。カードの状態として考えられるのは、`"todo"`、`"in prog"`、`"done"`の 3 つです。どれも興味深い状態に思えます。`delete` コマンドのときと同様に、開始または終了したいカードの ID を渡し、存在する ID と存在しない ID をテストする必要があります。したがって、次の 4 つのテストケースが新たに追加されます。

- `"todo"`、`"in prog"`、`"done"`の状態から `start` する
- 無効な ID を `start` する
- `"todo"`、`"in prog"`、`"done"`の状態から `finish` する
- 無効な ID を `finish` する

`update`、`list`、`config`、`version` の 4 つのコマンドがまだ残っています。この手法を練習してみたい場合は、この続きを読む前に自分でテストケースを作成してみてください。そして、次に示すリストと違いがあるか確認してください。

残りの機能のテストケースとして筆者が考えたのは次の 9 つです。

- カードの所有者を `update` する
- カードのサマリーを `update` する
- カードの所有者とサマリーを同時に `update` する
- 存在しないカードを `update` する
- 空のデータベースの内容を `list` する
- 空ではないデータベースの内容を `list` する
- `config` が正しいデータベースパスを返す

- version が正しいバージョンを返す

最初のテストケースはこれでよいでしょう。これらのテストケースがテストの詳細な説明ではないことに注目してください。テストケースを実装していて、本当に正しい振る舞いとは何だろうという疑問が湧いてくることがあります。それはよいことです。そうした疑問はコミュニケーション、設計の明確化、API の完全性を促進するきっかけになることがよくあります。また、ドキュメントの不備を発見するのに役立つこともあります。

最初のテストケースのリストは完全でもありません。テストを書いていると決まって新たなテストケースを思い付くものです。チームで作業を行っている場合は、チームの意見を聞くのに絶好のタイミングです。この段階のテストケースは正式なものではないため、コードの細かい部分にこだわることなく振る舞いについて話し合うことができます。

テストを完成させるために必要な情報がまだ足りないこともあります。たとえば、例外が想定されている場合、その例外は具体的にどのようなものになるでしょうか。テスト対象のコードの API がまだ完成していない場合は特にそうですが、不足している情報があっても問題はありません。この段階でテストケースのリストについて特定分野のエキスパートと話し合っておけば、テストを書いていて細かい部分に疑問が生じたとしても、彼らがすぐに答えてくれるはずです。

この「テストする機能を調べて最初のテストケースをリストアップする」という計画作業が完了したら、さっそくテストの作成に進みたいかもしれません。しかし、いったん立ち止まって、これまでの取り組みの内容を書き出しておくことをお勧めします。

7.5 テスト戦略を書き留める

本章では、テストのほとんどを、API を使って行うと決めました。CLI については、CLI が API を正しく呼び出すことを確認するのに十分なテストを行います。データベースのテストはひとまず先送りにします。その続きは、新しいデータベースパッケージに移行するのに役立つテストが必要になったときに再開できます。

このテスト戦略はかなりざっくりまとめたものですが、この程度の戦略でさえ、ひとたびテストが始まると細かい部分をすぐに忘れてしまいます。このため、筆者はあとから確認できるようにテスト戦略を書き留めておくことにしています。チームで作業を行っている場合は、たとえ 2 人だけのチームであっても、テスト戦略を書き留めておくことが特に重要となります。

Cards プロジェクトの現時点のテスト戦略は次のとおりです。

- エンドユーザーインターフェイス（CLI）を使ってアクセスできる振る舞いと機

能をテストする。

- これらの機能のテストにはできるだけ API を使う。
- CLI については、すべての機能で API が正しく呼び出されることを検証するのに十分なテストを行う。
- 7 つの中核的な機能（`add`、`count`、`delete`、`finish`、`list`、`start`、`update`）を完全にテストする。
- `config` と `version` の大まかなテストを追加する。
- TinyDB を使っている部分のテストは `db.py` に対するサブシステムテストで行う。

なお、このリストには含まれていませんが、ドキュメントや社内 wiki などを使ってテスト戦略をチームで共有する場合は、最初のテストケースのリストを必ず盛り込んでください。

おそらく、テストの進行に伴って、この最初のテスト戦略を拡張することになるでしょう。変更が必要だと感じたらいつでもチームで話し合ってください。

テストする機能、最初のテストケースのリスト、テスト戦略を書き出すための時間は先行投資です。次のステップであるテストの実装に突入すれば、すぐに元が取れます。

テストケースを実装する

本章で生成したテストケースは、ダウンロードサンプルの `code/ch7` に含まれています。コードはどれも単純で、ここまで取り上げてきた pytest の機能だけを使っています。ぜひコードに目を通しておいてください。

7.6 ここまでの復習

本章では、Cards プロジェクトの最初のテストスイートとテスト戦略を作成しました。まず、システムのアーキテクチャを調べて、テストすべき層を決定しました。次に、テストする機能を調べて、次の基準に基づいて優先順位を決定しました。

- **Recent**
  新しい機能、コードの新しい部分、および修復、リファクタリング、変更を最近行った機能
- **Core**
  製品の USP（Unique Selling Proposition）。つまり、それらが動作していないと製品の有効性が損なわれるような機能

- **Risk**
  アプリケーションにおいてリスクの大きい部分。たとえば、顧客にとって重要だが開発チームがあまり使わない部分や、あまり信頼できないサードパーティのコードを使っている部分
- **Problematic**
  誤動作が多い機能、または不具合がよく報告される機能
- **Expertise**
  限られた人だけが理解している機能またはアルゴリズム

続いて、以下の基準に基づいて機能ごとにテストケースをリストアップしました。

1. 最初に、自明ではない「ハッピーパス」テストケースを作成する。
2. 次に、以下の要素に対するテストケースを調べる。
   - 興味深い入力
   - 興味深い開始状態
   - 興味深い終了状態
   - エラー状態として考えられるものすべて

最後に、あとから検討および確認できるようにするために、テストする機能、最初のテストケースのリスト、全体的なテスト戦略を書き出しました。

7.7 練習問題

自動テストを作成するときによくある間違いとして、次の 3 つがあります。

- ハッピーパステストケースだけを記述する。
- 何がどのようにしてうまくいかなくなるのかを考えることに時間をかけすぎる。
- システムまたはコンポーネントの状態に基づいて振る舞いがどのように変化するのかという点を無視する。

多くの複雑な作業と同様に、完全にして効率のよいテストスイートの作成において最も難しいのは、作業を開始して最初のテストケースをリストアップする部分です。本章で説明した手法が習慣になるくらいしっかり練習してください。

これらの戦略のすばらしい点は、ほぼどのようなプロジェクトでも実践できることです。以下の練習問題を解けば、振る舞いについて考える方法を学ぶのに役立ちます。まだ構築

していない 2 つか 3 つのプロジェクトでこれらの練習問題を解いてみるだけでも、ソフトウェアのテストケースを作成しなければならなくなったときに役立つでしょう。

1. よく知っているソフトウェアプロジェクトを 1 つ選んでください。あなたが書いたものでも、書くのを手伝ったものでもかまいません。あるいは、普段使っているソフトウェアでもよいでしょう。
2. ユーザーが利用できる機能を 1 つか 2 つ説明してください。
3. それらの機能のテストケースを書いてください。興味深い開始状態は何でしょうか。想定されるエラーケースはあるでしょうか。終了状態は重要でしょうか。どのような入力を試してみるべきでしょうか。
4. プロジェクトが独自のものである場合、または `pip` を使ってインストールできる Python パッケージである場合は、これらのテストケースを書いてください。

7.8　次のステップ

本章で作成したテストケースは最初のテストスイートを作成するために使われました。次章では、これらのテストを pytest の設定ファイルとともにディレクトリに配置します。また、ファイル構造がテストに与える影響と、各設定ファイルの役割についても説明します。

CHAPTER 8

設定ファイル

設定ファイルは、テストファイル以外に pytest の実行方法に影響を与えるファイルであり、時間の節約と重複する作業の削減に役立ちます。`--verbose` や`--strict-markers` など、特定のフラグを常にテストで使っていることに気付いた場合は、それらのフラグを設定ファイルにまとめておくと、繰り返し入力する手間を省くことができます。設定ファイルの他にも、pytest を使ったテストの作成と実行を楽にするのに役立つファイルがいくつかあります。本章では、これらのファイルをすべて紹介します。

8.1 速習：pytestの設定ファイル

pytest に関連するテストファイル以外のファイルは次の 6 つです。

- **pytest.ini**
  pytest のデフォルトの振る舞いを変更できるメインの設定ファイル。このファイルが保存されているディレクトリが pytest のルートディレクトリ（`rootdir`）になります。
- **conftest.py**
  フィクスチャとフック関数を含んでいるファイル。ルートディレクトリまたはサブディレクトリに配置できます。
- **__init__.py**
  このファイルをテストのサブディレクトリに配置すると、複数のテストディレクトリで同じ名前のテストファイルを使えるようになります。
- **tox.ini, pyproject.toml, setup.cfg**
  `pytest.ini` の代わりに使えるファイル。これらのファイルの 1 つがプロジェクトにすでに存在する場合は、pytest の設定をそのファイルに保存できます。
  - **tox.ini** はテストを自動化するコマンドラインツールである tox が使うファイル（第 11 章を参照）。
  - **pyproject.toml** は Python プロジェクトのパッケージ化に使うファイル。pytest を含め、さまざまなツールの設定を保存するために使うことができる。

- **setup.cfg** もパッケージ化に使うファイルであり、pytest の設定を保存するために使うことができる。

Cards プロジェクトのディレクトリ構造では、これらのファイルが次のように配置されています。

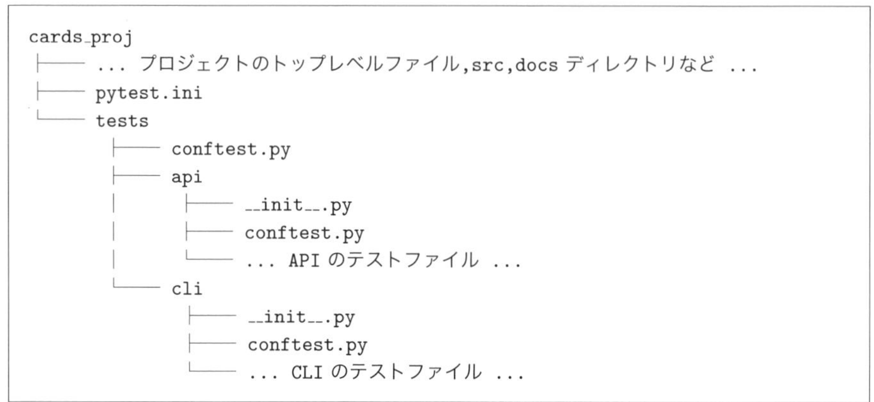

```
cards_proj
├── ... プロジェクトのトップレベルファイル,src,docs ディレクトリなど ...
├── pytest.ini
└── tests
    ├── conftest.py
    ├── api
    │   ├── __init__.py
    │   ├── conftest.py
    │   └── ... API のテストファイル ...
    └── cli
        ├── __init__.py
        ├── conftest.py
        └── ... CLI のテストファイル ...
```

ここまでテストに使ってきた Cards プロジェクトには、`tests` ディレクトリはありません。しかし、オープンソースのプロジェクトでもクローズドソースのプロジェクトでも、通常はプロジェクトの `tests` ディレクトリにテストが配置されます。

本章では、さまざまなファイルについて説明するときに、この構造を参照します。

8.2 設定とフラグを pytest.ini に保存する

`pytest.ini` ファイルの例を見てみましょう。

リスト8-1：ch8/project/pytest.ini

```
[pytest]
addopts =
    --strict-markers
    --strict-config
    -ra

testpaths = tests

markers =
    smoke: subset of tests
    exception: check for expected exceptions
```

このファイルの先頭には、pytest の設定の始まりを表す [pytest] があります。pytest.ini が pytest の設定ファイル以外の何ものでもないことを考えると、こんな表記が必要だなんておかしなことに思えるかもしれません。しかし、[pytest] が含まれていると、pytest の ini ファイル解析で pytest.ini と tox.ini を同列に扱うことができます。[pytest] に続いて、<設定> = <値>形式の設定が 1 行に 1 つずつ定義されています（複数行にまたがることもあります）。

複数の値を指定できる設定では、たいてい、1 行に 1 つずつ、または複数行にまたがって値を記述することができます。たとえば、すべてのオプションを 1 行にまとめて記述することもできます。

```
addopts = --strict-markers --strict-config -ra
```

オプションごとに行を分けるスタイルで記述することもできます。ただし、markers = ... で書くマーカー設定に関しては、1 行に指定できるマーカーは 1 つだけです。

リスト 8-1 の pytest.ini ファイルは基本的なもので、筆者がほぼ必ず指定する設定を含んでいます。次に、これらのオプションと設定を簡単に説明しておきます。

- **addopts = –strict-markers –strict-config -ra**
  - addopts 設定では、このプロジェクトで常に実行したい pytest のフラグを指定できる。
  - --strict-markers フラグを指定すると、登録されていないマーカーがテストコードで検出されたときに警告ではなくエラーが生成される。このフラグをオンにしておくと、マーカー名のタイプミスを防ぐことができる。
  - --strict-config フラグを指定すると、設定ファイルの解析で問題が起こったときにエラーが生成される。デフォルトでは、警告が生成される。このフラグをオンにしておくと、設定ファイルのタイプミスの見落としがなくなる。
  - -ra フラグを指定すると、テストの実行の最後にサマリー情報が表示される。デフォルトでは、テストの失敗とエラーに関する追加情報だけが表示される。-ra フラグの a 部分は成功したテストを除くすべての情報を表示することを意味する。このため、SKIPPED、XFAIL、XPASS のいずれかになったテストが、失敗またはエラーになったテストに追加される。
- **testpaths = tests**
  - testpaths 設定では、コマンドラインでファイルまたはディレクトリの名前を指定しなかった場合にテストをどこで探せばよいかを指定できる。testpathsの値をtestsにすると、pytestがtestsディレクトリを調べる。
   - testpathsの値をtestsにするのは一見冗長に思えるかもしれない。pytestはどのみちtestsディレクトリを調べるし、srcまたはdocsディレクトリにtest_ファイルは含まれていないからだ。しかし、testpathsを指定しておくと開始時の時間を少し節約できる。docs、src、またはその他のディレクトリに大量のファイルが含まれている場合は特に効果が期待できる。

- **markers = ...**
   - 第6章の6.5節で行ったように、markers設定はマーカーを宣言するために使う。

設定ファイルでは、この他にもさまざまな設定やコマンドラインオプションを指定できます。pytest --helpを実行すると、これらの設定やオプションをすべて確認できます。

8.3 pytest.iniの代わりにtox.ini、pyproject.toml、setup.cfgを使う

プロジェクトにすでにpyproject.tomlファイル、tox.iniファイル、setup.cfgファイルのいずれかが含まれている場合でも、テストを記述するためにpytestの設定をpytest.iniファイルに格納することができます。あるいは、pytestの設定をこの3つの設定ファイルのいずれかに格納することもできます。.ini以外のファイルでは構文が少し異なるため、それぞれのファイルを詳しく見てみましょう。

tox.ini

tox.iniファイルには、toxの設定が含まれています（toxについては、第11章で詳しく取り上げます）。このファイルには、[pytest]セクションも追加できます。このファイルの拡張子も.iniなので、リスト8-2の例はリスト8-1のpytest.iniの例とほぼ同じです。唯一の違いは、[tox]セクションも含まれていることです。

リスト8-2：ch8/alt/tox.ini

```
[tox]
; tox specific settings

[pytest]
addopts =
    --strict-markers
```

```
    --strict-config
    -ra

testpaths = tests

markers =
    smoke: subset of tests
    exception: check for expected exceptions
```

● pyproject.toml

pyproject.toml ファイルは、当初は Python プロジェクトをパッケージ化するためのファイルでした。しかし、Poetry[1] と Flit[2] では、プロジェクトの設定を定義するために pyproject.toml を使っています。Poetry と Flit が登場する前に標準のパッケージ化ツールとして使われていた setuptools ライブラリ[3] は、最初は pyproject.toml を使っていませんでした。しかし現在では、このファイルを使うことができます。2018 年には、Black[4] という Python コードのフォーマットツールが人気を集めるようになりました。Black を設定する唯一の方法は、pyproject.toml を使うことです。それ以来、pyproject.toml に設定を格納できるようにするツールは増える一方であり、pytest も例外ではありませんでした。

TOML（Tom's Obvious Minimal Language）[5]は.ini ファイルとは別の設定ファイル標準であるため、フォーマットが少し異なりますが、慣れるのは非常に簡単です。TOML のフォーマットを見てみましょう。

リスト8-3：ch8/alt/pyproject.toml

```
[tool.pytest.ini_options]
addopts = [
    "--strict-markers",
    "--strict-config",
    "-ra"
    ]

testpaths = "tests"

markers = [
        "smoke: subset of tests",
```

1 https://python-poetry.org
2 https://flit.readthedocs.io
3 https://setuptools.pypa.io/en/latest/build_meta.html
4 https://pypi.org/project/black
5 https://toml.io/en（英語） https://toml.io/ja（日本語）

```
        "exception: check for expected exceptions"
]
```

セクションは [pytest] ではなく [tool.pytest.ini_options] で始まります。設定値は引用符で囲む必要があります。設定値のリストは文字列のリストを角かっこ（[]）で囲んで指定する必要があります。

setup.cfg

setup.cfg ファイルのフォーマットはもっと.ini に近いものです。setup.cfg ファイルを使った設定例はリスト 8-4 のようになります。

リスト8-4：ch8/alt/setup.cfg

```
[tool:pytest]
addopts =
    --strict-markers
    --strict-config
    -ra

testpaths = tests

markers =
    smoke: subset of tests
    exception: check for expected exceptions
```

pytest.ini ファイルとの顕著な違いは、セクション指定子 [tool:pytest] だけです。ただし、pytest のドキュメントでも警告されているように[6]、.cfg ファイルのパーサーと.ini ファイルのパーサーの間には違いがあります。この違いのせいで、そう簡単には見つからない問題が発生することがあります。

8.4 ルートディレクトリと設定ファイルを決める

pytest は実行するテストファイルの探索を始める前に設定ファイルを読み取ります。pytest が読み取る設定ファイルは、pytest.ini か、または pytest セクションを含んでいる tox.ini、setup.cfg、pyproject.toml のいずれかです。

テストディレクトリを指定した場合、pytest はそのディレクトリから探索を開始します。複数のファイルまたはディレクトリを指定した場合は、それらに共通する親ディレクトリから探索を開始します。ファイルまたはディレクトリを指定しなかった場合は、現在のディレクトリから探索を開始します。探索を開始したディレクトリで設定ファイルが見

6 https://docs.pytest.org/en/latest/reference/customize.html#setup-cfg

つかった場合は、そのディレクトリがルートになります。探索を開始したディレクトリで設定ファイルが見つからなかった場合は、pytest セクションを含んでいる設定ファイルが見つかるまでディレクトリツリーをさかのぼっていきます。pytest では、設定ファイルが見つかったディレクトリがルートディレクトリ（`rootdir`）になります。このルートディレクトリはテストノード ID の相対ルートでもあります。また、設定ファイルが見つかった場所を表すものでもあります。

どの設定ファイルを使うのか、ルートディレクトリがどこにあるのかに関するルールは、最初はわかりにくいかもしれません。しかし、ルートディレクトリの探索プロセスは明確に定義されています。pytest でルートディレクトリを表示してみれば、テストをさまざまなレベルで実行できることと、pytest が正しい設定ファイルを見つけ出してくれることがわかるはずです。たとえば、`tests` ディレクトリの奥深くにあるサブディレクトリに移動していたとしても、pytest はプロジェクトのトップレベルにある設定ファイルを見つけ出してくれます。

設定がまったく必要なかったとしても、空の `pytest.ini` ファイルをプロジェクトのトップレベルに配置しておくのはよい考えです。設定ファイルが 1 つもないと、pytest がファイルシステムのルートまで探しに行ってしまいます。pytest の探索によってわずかな遅延が発生するだけならまだしも、その途中でプロジェクトとは何の関係もない設定ファイルを見つけてしまうかもしれません。

設定ファイルを見つけた pytest は、テストを実行するときにルートディレクトリと使っている設定ファイルを出力の先頭に書き出します。

```
$ cd <code/ch8/project へのパス>
$ pytest
========================= test session starts ==========================
platform darwin -- Python 3.x.y, pytest-x.y.z, pluggy-x.y.z
rootdir: <code/ch8/project へのパス>, configfile: pytest.ini, testpaths: tests
↑
collected 28 items

tests/api/test_add.py .....                                       [ 17%]
tests/api/test_config.py .                                        [ 21%]
......
tests/api/test_update.py ....                                     [ 96%]
tests/api/test_version.py .                                       [100%]

========================== 28 passed in 0.14s ==========================
```

この例のように `testpaths` を設定している場合はそれも表示されます。

なお、本書のほとんどの例では、それらの例を短く読みやすいものに保つために、この情報を省略しています。

8.5 conftest.py を使ってローカルフィクスチャとフック関数を共有する

conftest.py はフィクスチャとフック関数を格納するためのファイルです（フィクスチャについては第 3 章、フック関数については第 15 章で説明しています）。プロジェクトでは、conftest.py ファイルをいくつでも必要な数だけ使うことができます。何なら、テストのサブディレクトリごとに 1 つ配置することもできます。conftest.py ファイルで定義されている設定はすべて、そのディレクトリとそのすべてのサブディレクトリ内のテストに適用されます。

トップレベルの tests ディレクトリに conftest.py ファイルが 1 つ配置されている場合は、このファイルで定義されているフィクスチャを tests とその下にあるディレクトリ内のすべてのテストで使うことができます。サブディレクトリにのみ適用するフィクスチャがある場合は、そのサブディレクトリ内の別の conftest.py ファイルで定義できます。たとえば、GUI のテストと API のテストでは別々のフィクスチャが必要かもしれませんし、両方のテストで共有したいフィクスチャがあるかもしれません。

とはいうものの、conftest.py ファイルを 1 つだけにしてフィクスチャの定義を簡単に見つけ出せるようにするのはよい考えです。フィクスチャが定義されている場所は pytest --fixtures -v を使っていつでも特定できますが、今調べているテストファイルか別の 1 つのファイル（conftest.py）のどちらかで定義されていることがわかっているほうがやはり簡単です。

8.6 テストファイルの名前の競合を回避する

__init__.py ファイルが pytest に与える影響はただ 1 つ、重複するテストファイル名を使えるようにすることです。

テストのサブディレクトリごとに__init__.py ファイルを配置する場合は、複数のディレクトリで同じ名前のテストファイルを使えるようになります。それが__init__.py ファイルを使うただ 1 つの理由です。

例を見てみましょう。

```
$ cd <code/ch8/dup へのパス>
$ tree tests_with_init
tests_with_init
├── api
│   ├── __init__.py
```

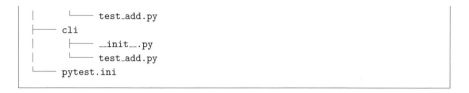

```
│       └── test_add.py
├── cli
│       ├── __init__.py
│       └── test_add.py
└── pytest.ini
```

add 機能のテストに API と CLI の両方を使いたくなった場合、両方のディレクトリに test_add.py があるのは当然のことに思えます。

api ディレクトリと cli ディレクトリの両方に__init__.py ファイルも配置すれば、このテストはうまくいくはずです。

```
$ pytest -v tests_with_init
========================= test session starts ==========================
collected 2 items

tests_with_init/api/test_add.py::test_add PASSED                  [ 50%]
tests_with_init/cli/test_add.py::test_add PASSED                  [100%]

========================== 2 passed in 0.02s ===========================
```

しかし、__init__.py ファイルを追加しない場合はうまくいきません。先ほどと同じディレクトリから__init__.py ファイルを削除すると次のようになります。

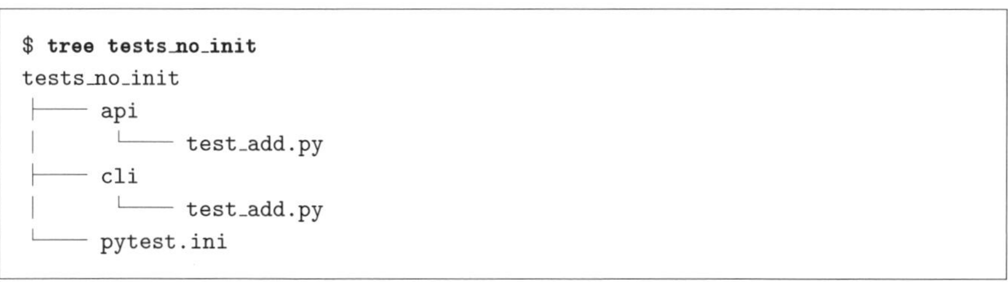

```
$ tree tests_no_init
tests_no_init
├── api
│       └── test_add.py
├── cli
│       └── test_add.py
└── pytest.ini
```

テストを実行しようとすると、エラーになります。

```
$ pytest -v tests_no_init
========================= test session starts ==========================
collected 1 item / 1 error

================================ ERRORS ================================
_________________ ERROR collecting cli/test_add.py _________________
import file mismatch:
imported module 'test_add' has this __file__ attribute:
  <code/ch8/dup へのパス>/tests_no_init/api/test_add.py
which is not the same as the test file we want to collect:
```

```
  <code/ch8/dup へのパス>/tests_no_init/cli/test_add.py
HINT: remove __pycache__ / .pyc files and/or use a unique basename for
      your test file modules
======================= short test summary info ========================
ERROR tests_no_init/cli/test_add.py
!!!!!!!!!!!!!!!! Interrupted: 1 error during collection !!!!!!!!!!!!!!!!
========================== 1 error in 0.07s ============================
```

このエラーメッセージは、同じ名前のファイルが2つあることを明らかにし、ファイル名を変更することを勧めています。ファイル名を変更するとこのエラーは発生しなくなりますが、`__init__.py`ファイルを追加して、ファイル名を変更しないでおくこともできます。

ファイル名が重複しているとこのようなわかりにくいエラーになるため、サブディレクトリに`__init__.py`ファイルを追加して、このエラーを回避する習慣を身につけておくとよいでしょう。

8.7 ここまでの復習

本章では、テストに関連するファイルのうちテストファイル以外のファイルをすべて取り上げました。

- pytestの設定は、メインの設定ファイル（`pytest.ini`、`pyproject.toml`、`tox.ini`、`setup.cfg`のいずれか）に格納できる。この設定ファイルはプロジェクトごとに1つだけ存在する。
- pytestでは、メインの設定ファイルが配置されているディレクトリをルートディレクトリまたは`rootdir`と呼ぶ。
- pytestの設定はすべて設定ファイルに格納できる。これには、`addopts`設定によって定義されるオプションやフラグも含まれる。
- `conftest.py`ファイルには、同じディレクトリまたはそのサブディレクトリにあるすべてのテストで共有するフィクスチャとフック関数を格納できる。
- テストのサブディレクトリに`__init__.py`ファイルを配置すると、重複する名前を持つテストファイルが使えるようになる。

8.8 練習問題

今のうちから設定ファイルの追加と編集に慣れておけば、それらのファイルがいかに単純で強力であるかを理解するのに役立ちます。以下の練習問題はメインの設定ファイルに焦点を合わせたものになっています。

以下の練習問題は次のような構造を持つ code/exercises/ch8 ディレクトリに基づいています。

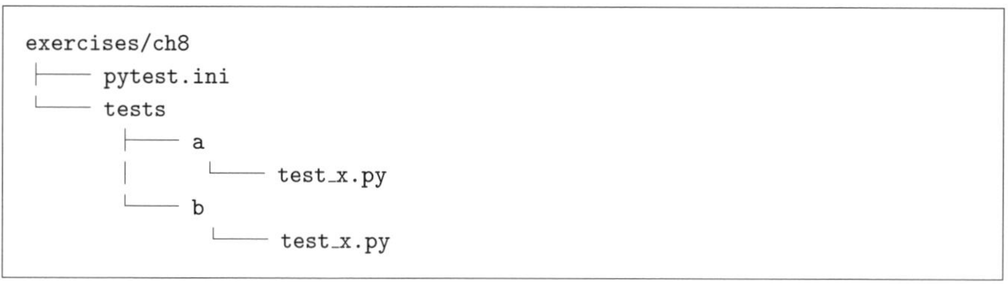

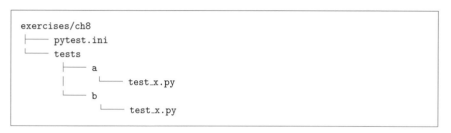

```
exercises/ch8
├── pytest.ini
└── tests
    ├── a
    │   └── test_x.py
    └── b
        └── test_x.py
```

1. code/exercises/ch8 ディレクトリに移動して pytest を実行してください。
   - ルートディレクトリはどれですか。
   - どの設定ファイルが使われますか。
   - エラーメッセージも表示されるはずですが、どのような内容ですか。
2. pytest.ini ファイルで testpaths の値を tests/a に設定した上で、pytest を再び実行してください。
   - この設定によってエラーはなくなりましたか。
3. testpaths の値を tests/a から tests に変更し、a ディレクトリと b ディレクトリに__init__.py ファイルを追加した上で、pytest を再び実行してください。
   - この設定によってエラーはなくなりましたか。
4. addopts に-v を設定した上で、pytest を再び実行してください。
   - 振る舞いはどのように変化しましたか。
5. tests/pyproject.toml ファイルを作成し、addopts に"-v"を設定した上で、pytest を exercises/ch8 ディレクトリから実行してください。続いて、exercises/ch8/tests ディレクトリからも実行してください。
   - ルートディレクトリと設定ファイルは違っていましたか。
   - それらが違っていたとしたら、それはなぜですか。

8.9 次のステップ

ソフトウェアプロジェクトのテストを書くときには、アプリケーションコードのどれだけの部分をテストするのか、テストされていない部分はあるのかがわかると役立つことがあります。次章では、コードカバレッジツールである `coverage.py` と `pytest-cov` を使って、第 7 章で開発したテストスイートが Cards プロジェクトのソースコードをどれくらい完全にテストするのかを調べます。

CHAPTER 9

カバレッジ

第 7 章では、Cards プロジェクトのユーザーから見える機能を分析することで、テスト戦略に基づいて最初のテストケースのリストを作成しました。本書のダウンロードサンプル[1] の `ch7` ディレクトリに含まれているテストは、それらのテストケースの実装です。Cards プロジェクトのテストには、API を使います。しかし、これらのテストがコードをどれくらい完全にテストするのかはどうすればわかるのでしょうか。そこで登場するのがコードカバレッジです。

コードカバレッジを計測するツールは、テストスイートの実行全体にわたってコードを監視し、実行された行と実行されなかった行を追跡します。この計測結果を**ラインカバレッジ**（line coverage）と呼びます。ラインカバレッジは実行されたコード行の合計数をコード行の総数で割ったものです。コードカバレッジツールは制御文のパスがすべて実行されたかどうかも明らかにします。こちらの計測結果は**ブランチカバレッジ**（branch coverage）と呼びます[2]。

コードカバレッジを使ってテストスイートが有効かどうかを明らかにすることはできません。コードカバレッジはアプリケーションコードのどれだけの部分がテストスイートによって実行されるのかを明らかにするだけです。とはいえ、それはそれで有益な情報です。

`coverage.py`[3] は、コードカバレッジの計測に推奨される Python のコードカバレッジツールです。`pytest-cov`[4] は、`coverage.py` との組み合わせでよく使われる pytest プラグインであり、コマンドラインを少し短くする効果があります。本章では、両方のツールを使って、第 7 章で Cards プロジェクトのために作成したテストスイートで何か重要なものを見落としていないかどうかを確認します。

---

1 `https://pragprog.com/titles/bopytest2/source_code`

2 **監注**：ラインカバレッジは「行カバレッジ」とも呼ばれる。ブランチカバレッジは「分岐カバレッジ」、「分岐網羅」とも呼ばれる。

3 `https://coverage.readthedocs.io`

4 `https://pytest-cov.readthedocs.io`

9.1 coverage.py を pytest-cov で実行する

coverage.py と pytest-cov はどちらもサードパーティパッケージであり、これらのツールを使うにはインストールが必要です。

```
$ pip install coverage
$ pip install pytest-cov
```

coverage.py を使ってテストを実行するには、--cov フラグを追加して、計測したいコードのパスを指定するか、テスト対象のインストール済みパッケージを指定する必要があります。Cards プロジェクトはインストール済みパッケージであるため、--cov=cards を使ってテストします。

次に示すように、pytest の通常の出力に続いて、カバレッジレポートが出力されます。

```
$ cd <code へのパス>
$ pytest --cov=cards ch7
======================== test session starts ==========================
collected 27 items

ch7/test_add.py .....                                            [ 18%]
ch7/test_config.py .                                             [ 22%]
ch7/test_count.py ...                                            [ 33%]
ch7/test_delete.py ...                                           [ 44%]
ch7/test_finish.py ....                                          [ 59%]
ch7/test_list.py ..                                              [ 66%]
ch7/test_start.py ....                                           [ 81%]
ch7/test_update.py ....                                          [ 96%]
ch7/test_version.py .                                            [100%]

---------- coverage: platform darwin, python 3.x.y -----------
Name                                                 Stmts   Miss  Cover
------------------------------------------------------------------------
venv/lib/python3.x/site-packages/cards/__init__.py       3      0   100%
venv/lib/python3.x/site-packages/cards/api.py           70      3    96%
venv/lib/python3.x/site-packages/cards/cli.py           86     53    38%
venv/lib/python3.x/site-packages/cards/db.py            23      0   100%
------------------------------------------------------------------------
TOTAL                                                  182     56    69%

========================= 27 passed in 0.12s ==========================
```

この出力は coverage のレポート機能によって生成されたものですが、ここでは coverage

を直接呼び出していません。pytest --cov=cards ch7 というコマンドが pytest-cov プラグインに次の作業を命令したのです。

- ch7 のテストで pytest を実行すると同時に、--source を cards に設定した上で coverage を実行する。
- coverage report を実行してラインカバレッジレポートをターミナルに出力する。

coverage を直接使う方法でもまったく同じことができます。pytest-cov を使わない場合のコマンドは次のようになります。

```
$ coverage run --source=cards -m pytest ch7
$ coverage report
```

出力されるレポートがまったく同じというのは少し意外です。Cards プロジェクトのソースコードは code/cards_proj/src/cards にありますが、カバレッジレポートは仮想環境にインストールされたパッケージに対するものです。仮想環境の Cards ソースファイルのパスはいやになるほど長いのですが、それでも役に立ちます。仮想環境のパスはテスト中にコードが実行される場所なので、正しいパスだからです。ただし、このコードはローカルの cards_proj ディレクトリにもあります。このローカルディレクトリを coverage が表示してくれるとよいのですが。ありがたいことに、ローカルの cards_proj のコードがインストールされたコードと同じものであることを coverage に教えて、代わりにそのローカルディレクトリを使わせる方法があります。

本書のソースコードを使って同じコマンドを試してみた場合は、異なる結果になるはずです。というのも、ソースコードに.coveragerc ファイルが含まれているからです。

リスト9-1：.coveragerc

```
[paths]
source =
    cards_proj/src/cards
    */site-packages/cards
```

このファイルは coverage.py の設定ファイルです。この source 設定により、coverage は cards_proj/src/cards ディレクトリを*/site-packages/cards にインストールされた cards と同じものとして扱います。アスタリスク（*）はワイルドカードであり、入力の手間が少し省けるほか、パスを Python の複数のバージョンに対応させる効果があります。venv/lib/python3.x/site-packages/cards のようにパスを完全に入力すると、

Python の特定のバージョンとしかマッチしなくなります。

.coveragerc の内容をリスト 9–1 のように変更すると、出力が次のように変化します。

```
$ pytest --cov=cards ch7
========================= test session starts ==========================
collected 27 items

... 実際のテスト実行は省略 ...

---------- coverage: platform darwin, python 3.x.y -----------
Name                                 Stmts   Miss  Cover
cards_proj/src/cards/__init__.py         3      0   100%
cards_proj/src/cards/api.py             70      3    96%
cards_proj/src/cards/cli.py             86     53    38%
cards_proj/src/cards/db.py              23      0   100%
-------------------------------------------------------
TOTAL                                  182     56    69%

========================= 27 passed in 0.12s ==========================
```

カバレッジレポートにインストールディレクトリではなくローカルディレクトリのファイルが出力されています。パスが短くなった分、重要な部分（カバレッジレポート）に意識を集中させることができます。しかし、テストコードについてわかったことから、このレポートの意味を理解できるのでしょうか。

__init__.py ファイルと db.py ファイルのカバレッジは 100%です。このことは、これらのファイルのすべての行にテストスイートがアクセスしていることを意味します。だからといって、これらのファイルが十分にテストされている、あるいは失敗の可能性がテストによって捕捉されるというわけではありません。とはいえ、少なくともテストスイートによってすべての行が実行されていることが明らかになっており、手ごたえを感じさせます。

cli.py ファイルのカバレッジは 38%です。まだ CLI のテストを行っていないことを考えると、驚くほど高い数字に思えるかもしれません。その理由を簡単に説明しておくと、cli.py は__init__.py によってインポートされるため、その関数の定義はすべて実行されるのですが、関数の**内容**のほうはまったく実行されないからです。

ここで本当に関心があるのは、api.py ファイルです。このファイルのテストカバレッジは 96%です。この数字が良いか悪いかはまだわかりません。実際のコードを調べて、どの行を見落としているのかを確認し、それらの行をテストすることが重要かどうかを知る必要があります。何を見落としたのかの調査には、**ターミナルレポート**または **HTML レポート**を使うことができます。

見落としている行をターミナルレポートに追加するには、--cov-report=term-missing

フラグを追加した上で、テストを再び実行します。

```
$ pytest --cov=cards --cov-report=term-missing ch7
```

または、次のように coverage report --show-missing を実行することもできます。

```
$ coverage report --show-missing
Name                                  Stmts   Miss  Cover   Missing
-------------------------------------------------------------------
cards_proj/src/cards/__init__.py          3      0   100%
cards_proj/src/cards/api.py              70      3    96%   72, 78, 82
cards_proj/src/cards/cli.py              86     53    38%   20, 28-30,
36-40, 51-63, 73-80, 86-90, 96-100, 106-107, 113-114, 122-123,
127-132, 137-140
cards_proj/src/cards/db.py               23      0   100%
-------------------------------------------------------------------
TOTAL                                   182     56    69%
```

coverage を pytest-cov で実行する場合も、coverage を直接使ってレポートにアクセスできることを覚えておいてください。

テストされていない行の番号を手に入れたら、エディタでファイルを開いて、見逃した行を調べることができます。ただし、HTML レポートを調べるほうが簡単です。

9.2 HTML レポートを生成する

coverage.py を使って HTML レポートを生成すると、カバレッジデータをさらに詳しく調べることができます。HTML レポートを生成するには、--cov-report=html フラグを使うか、先ほどのカバレッジを実行した後に coverage html を実行します。

```
$ cd <code へのパス>
$ pytest --cov=cards --cov-report=html ch7
```

または、

```
$ pytest --cov=cards ch7
$ coverage html
```

どちらのコマンドも coverage.py に HTML レポートを生成させます。生成されたレポートは、コマンドを実行したディレクトリに htmlcov/という名前で配置されます。

Web ブラウザで `htmlcov/index.html` を開くと、下図のようなレポートが表示されます。

Coverage report: 69%

filter...

Module	statements	missing	excluded	coverage
cards_proj/src/cards/__init__.py	3	0	0	100%
cards_proj/src/cards/api.py	70	3	0	96%
cards_proj/src/cards/cli.py	86	53	0	38%
cards_proj/src/cards/db.py	23	0	0	100%
Total	**182**	**56**	**0**	**69%**

`api.py` ファイルをクリックすると、このファイルのレポートが表示されます。

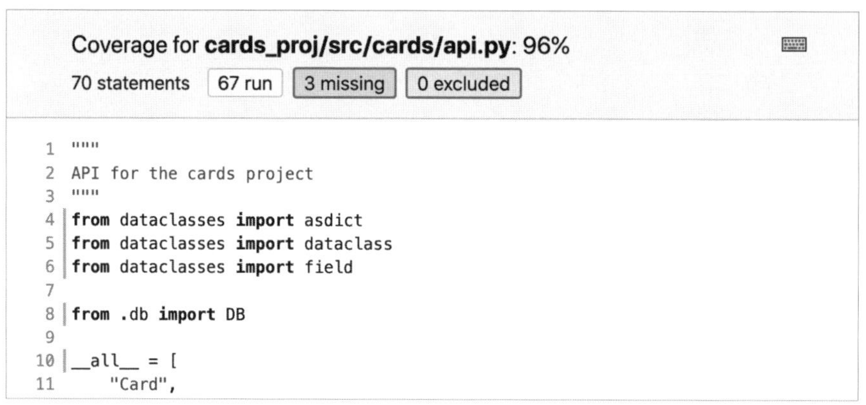

Coverage for cards_proj/src/cards/api.py: 96%
70 statements
67 run
3 missing
0 excluded
"""
API for the cards project
"""
from dataclasses import asdict
from dataclasses import dataclass
from dataclasses import field
from .db import DB
__all__ = [
"Card",

レポートの先頭にラインカバレッジ（96%）、文の総数（70）、実行された文の数（67）、実行されなかった文の数（3）、および除外された文の数（0）が表示されます。下にスクロールすると、実行されなかった行がハイライト表示されていることがわかります。

cards_proj/src/cards/api.py: 96% 67 3 0

```
    def list_cards(self, owner=None, state=None):
        """Return a list of cards."""
        all = self._db.read_all()
        if (owner is not None) and (state is not None):
            return [
                Card.from_dict(t)
                for t in all
                if (t["owner"] == owner and t["state"] == state)
            ]
        elif owner is not None:
            return [
                Card.from_dict(t) for t in all if t["owner"] == owner
            ]
        elif state is not None:
            return [
                Card.from_dict(t) for t in all if t["state"] == state
            ]
        else:
            return [Card.from_dict(t) for t in all]
```

list_cards 関数には、owner と state の 2 つのオプションパラメータがあり、これらのパラメータを使ってリストの絞り込み（フィルタリング）ができるようです。このテストスイートでは、これらの行がテストされていません。

これらの行をテストに追加すべきでしょうか。テスト戦略を立てるときに「ユーザーから見える機能は API を使ってテストする」と決めたことを思い出してください。ユーザーから見える機能は CLI でも見えます。というわけで、このことをチェックしてみましょう。

```
$ cards list --help
Usage: cards list [OPTIONS]

  List cards in db.

Options:
  -o, --owner TEXT
  -s, --state TEXT
  --help              Show this message and exit.
```

cards list コマンドでは、たしかにこれらのオプションを指定できるようです。最初のテストケースをリストアップするときに、その部分のコードを見逃していたようです。したがって、少なくとも次の 3 つのテストケースを追加する必要があります。

- list で owner を指定して所有者で絞り込む
- list で state を指定して状態で絞り込む

- list で owner と state を指定して所有者と状態で絞り込む

これらのテストケースにより、先ほど実行されなかった3つの行が実行されるはずです。それらはテストすべき重要な機能に思えるので、これは大きな前進です。

9.3 カバレッジからコードを除外する

前節で生成したHTMLレポートには、"0 excluded"という列が含まれていました。この列はテスト対象から一部の行を除外できるcoverageの機能を表しています。Cardsプロジェクトでは何も除外していませんが、カバレッジの計算から一部のコードを除外するのは珍しいことではありません。

例として、インポートまたは直接実行できるモジュールに次のようなブロックが含まれているとしましょう。

```
if __name__ == '__main__':
    main()
```

このコマンドは、python some_module.py のようにモジュールを直接呼び出す場合はPythonにmain()を実行させますが、モジュールをインポートする場合は実行させません。

このようなブロックはたいていテスト対象から除外されます。コードを除外するには、次のような単純なpragma文を使います。

```
if __name__ == '__main__':  # pragma: no cover
    main()
```

このようにすると、coverageが1つの行またはコードブロックを除外します。このケースでは、両方の行にpragmaを配置する必要はありません。pragmaをif文に配置すれば、ブロックの残りの部分も考慮の対象になります。

9.4 カバレッジをテストで実行する

coverageを使ってテストスイートがアプリケーションコードのすべての行にアクセスしているかどうかを判断したところで、テストディレクトリをカバレッジレポートに追加してみましょう。

Column カバレッジ駆動開発にご注意

9.2 節で coverage.py を使って生成したカバレッジレポートでは、テストスイートが実行しなかったコード行がハイライト表示されるため、本来ならテストされるはずがテストされなかった機能が存在するかどうかを判断するのに役立ちます。この例では、正当なテストケースでありながら見落とされたものが 3 つあることがレポートで報告されています。しかし、問題のフィルタリング機能がユーザーから見えるものではなく、このためテスト戦略の一部ではなかったとしたら、次のような決断を迫られていたでしょう。

- この機能を CLI に追加すべきか
- この機能を API から削除すべきか
- この機能はすぐに CLI に追加する予定なので、テストケースを追加すべきか
- カバレッジが 100%でなくてもよしとすべきか
- `# pragma: no cover` を使ってコードがそこに存在しないふりをすべきか
- これらの行をカバーするテストケースを追加してカバレッジを 100%にすべきか

最後の選択肢は最悪ですね。

Cards プロジェクトで実行されなかった 3 つの行に関しては、`pragma` オプションを使ったところで状況はよくなりません。しかし、本節で説明したように、`__name__ == '__main__'` ブロックが使われているなど、コードを除外するのが妥当な場合もあります。

その他の選択肢は状況に応じて判断することになります。

コードカバレッジを 100%にしたいからテストを追加するというのは本末転倒です。そんなことをすれば、これらの行が使われておらず、したがってアプリケーションに必要ではないという事実が隠されてしまいます。また、テストコードやコーディング時間を無駄に増やすことになります。

```
$ pytest --cov=cards --cov=ch7 ch7
========================= test session starts ==========================
collected 27 items

... 実際のテスト実行は省略 ...

---------- coverage: platform darwin, python 3.x.y -----------
Name                                  Stmts   Miss  Cover
---------------------------------------------------------
cards_proj/src/cards/__init__.py          3      0   100%
cards_proj/src/cards/api.py              70      3    96%
cards_proj/src/cards/cli.py              86     53    38%
cards_proj/src/cards/db.py               23      0   100%
ch7/conftest.py                          22      0   100%
ch7/test_add.py                          31      0   100%
ch7/test_config.py                        2      0   100%
```

```
ch7/test_count.py                         9      0   100%
ch7/test_delete.py                       28      0   100%
ch7/test_finish.py                       13      0   100%
ch7/test_list.py                         11      0   100%
ch7/test_start.py                        13      0   100%
ch7/test_update.py                       21      0   100%
ch7/test_version.py                       5      0   100%
-----------------------------------------------------
TOTAL                                   337     56    83%

========================= 27 passed in 0.14s ==========================
```

--cov=cards コマンドは、cards パッケージを coverage に監視させます。--cov=ch7 コマンドは、テストが配置されている ch7 ディレクトリを coverage に監視させます。

なぜこのようなことをするのでしょうか。もちろん、テストはすべて実行されるはずですよね。それがそうとも限らないのです。すべてのプログラミングに共通する間違い —— 特にテストのコーディングでよくある間違いは、新しいテスト関数を「コピー、ペースト、書き換え」方式で追加することです。新しいテスト関数を作成するときに、既存のテスト関数をコピーし、新しい関数としてペーストし、新しいテストケースに合わせてコードを書き換えたりしていませんか。関数名を変更するのを忘れた場合は、2 つの関数の名前が同じになり、最後に定義された関数だけが実行されることになります。coverage のソースにテストコードを追加すると、この「重複する名前のテスト」という問題を簡単に捕捉できるようになります。

大規模なテストモジュールでも同じような問題が発生することがあります。既存の関数の名前をすっかり忘れてしまい、既存のものと同じ名前を誤って新しい関数に付けてしまうかもしれません。

3 つ目の問題はもう少し油断ならないものです。coverage には、複数のテストセッションのレポートを結合する機能があります。この機能は、たとえば継続的インテグレーション（CI）においてテストを別のハードウェアで実行するときに必要になるものです。それらのテストの一部は特定のハードウェアに特化していて、他のハードウェアではスキップされるかもしれません。このような場合、レポートの結合はすべてのテストが最終的にいずれかのハードウェアで実行されたことを確認するのに役立つでしょう。また、使われないフィクスチャやフィクスチャ内のデッドコードを特定するのにも役立ちます。

9.5 カバレッジをディレクトリで実行する

ここまでは、インストール済みパッケージである cards に対して coverage を実行してきました。しかし、Python の世界では、インストール可能なパッケージの構築以外にもいろいろなことができます。そこで、coverage の視線をパッケージだけではなくディレクトリやファイルにも向かわせることができます。例として、coverage をディレクトリで実行する方法を見てみましょう。

ch9/some_code ディレクトリには、ソースコードモジュールが 2 つ、テストモジュールが 1 つ含まれています。

```
$ tree ch9/some_code
ch9/some_code
├── bar_module.py
├── foo_module.py
└── test_some_code.py
```

coverage の視線をパッケージではなくパスに向かわせる例として、トップレベルディレクトリ（code）からテストを実行してみましょう。

```
$ pytest --cov=ch9/some_code ch9/some_code/test_some_code.py
======================== test session starts ==========================
collected 2 items

ch9/some_code/test_some_code.py ..                                [100%]

---------- coverage: platform darwin, python 3.x.y -----------
Name                                  Stmts   Miss  Cover
---------------------------------------------------------
ch9/some_code/bar_module.py               4      1    75%
ch9/some_code/foo_module.py               2      0   100%
ch9/some_code/test_some_code.py           6      0   100%
---------------------------------------------------------
TOTAL                                    12      1    92%

========================= 2 passed in 0.03s ===========================
```

ここでは、ディレクトリを--cov=ch9/some_code で指定しています。代わりに ch9 ディレクトリから直接実行することもできます。

```
$ cd <code/ch9 へのパス>
$ pytest --cov=some_code some_code/test_some_code.py
```

または単に、

```
$ pytest --cov=some_code some_code
```

test_some_code.py は唯一のテストファイルであるため、これら 2 つの pytest コマンドの意味は同じです。

次は、たった 1 つのファイルに対してカバレッジを実行するというかなり珍しいケースを見てみましょう。

9.6 カバレッジを 1 つのファイルで実行する

どこにでもあるような、たった 1 つのファイルでできたかわいらしい Python アプリケーションでも、小さなテストカバレッジを使うことができます。この**スクリプト**とも呼ばれるシングルファイルのアプリケーションは、パッケージ化されたりデプロイされたりすることはほとんどなく、単に 1 つのファイルとして共有されます。そのような場合は、テストコードをそのスクリプトに配置してしまうのが手軽です。

簡単な例を見てみましょう。

リスト9-2：ch9/single_file.py

```
def foo():
    return "foo"

def bar():
    return "bar"

def baz():
    return "baz"

def main():
    print(foo(), baz())

if __name__ == "__main__":  # pragma: no cover
    main()

# テストコード：pytest が必要

def test_foo():
    assert foo() == "foo"

def test_baz():
    assert baz() == "baz"
```

```
def test_main(capsys):
    main()
    captured = capsys.readouterr()
    assert captured.out == "foo baz\n"
```

このスクリプトを実行した結果は次のようになります。

```
$ cd <code/ch9 へのパス>
$ python single_file.py
foo baz
```

python を pytest に置き換えると、テストを実行できます。

```
$ pytest single_file.py
```

しかし、coverage についてはどうでしょうか。このスクリプトが配置されているディレクトリに他にもいろいろなものが含まれている場合、そのディレクトリを coverage に指定するわけにはいきません。計測したいのは、この 1 つのファイルだけだからです。

そこで、このファイルをパッケージとして扱うことにし（といっても何かがインポートされるわけではありません)、.py 拡張子を省いた--cov=single_file オプションを指定します。

```
$ pytest --cov=single_file single_file.py
========================= test session starts ==========================
collected 3 items

single_file.py ...                                                [100%]

---------- coverage: platform darwin, python 3.x.y -----------
Name              Stmts   Miss  Cover
-------------------------------------
single_file.py       16      1    94%
-------------------------------------
TOTAL                16      1    94%

========================== 3 passed in 0.02s ===========================
```

pytest の魅力の 1 つは、import pytest すら必要ないことです。テストを単にスクリプトに追加する、ただそれだけでよいのです。ただし、パラメータ化やマーカーが必要な場合は、if __name__ == '__main__' ブロックの else ブロックに import 文を配置することができます。

```
if __name__ == '__main__':  # pragma: no cover
    main()
else:
    import pytest
```

このようにすると、テストを実行しているときは import 文が要求され、スクリプトをスクリプトとして使うだけのときは import 文が要求されなくなります。

9.7 ここまでの復習

本章では、coverage.py と pytest-cov を使ってコードカバレッジを計測しました。また、コマンドやオプションもいろいろ試してみました。

coverage を pytest-cov で実行するには、次のコマンドを使います。

- **pytest --cov=cards <テストパス>**
  テストを実行して単純なレポートを生成
- **pytest --cov=cards --cov-report=term-missing <テストパス>**
  実行されなかったコード行を表示
- **pytest --cov=cards --cov-report=html <テストパス>**
  HTML レポートを生成

coverage を単体で実行するときは、次のコマンドを使います。

- **coverage run --source=cards -m pytest <テストパス>**
  coverage を使ってテストスイートを実行
- **coverage report**
  単純なターミナルレポートを表示
- **coverage report --show-missing**
  実行されなかったコード行を表示
- **coverage html**
  HTML レポートを生成

coverage を pytest --cov=... から実行した場合も、coverage report や coverage html を使ってさまざまなレポートを実行したり HTML を生成したりできます。

--cov フラグと--source フラグは監視するコードを coverage に伝えます。監視するコードとして、インストール済みパッケージの名前か、アプリケーションコードのパスを指定できます。

coverage.py と pytest-cov には、本章で取り上げたもの以外にもさまざまな機能があります。複数のテスト実行でのカバレッジの統合やブランチカバレッジなどの機能については、coverage.py と pytest-cov の該当するドキュメントを参照してください。

9.8 練習問題

coverage を何回か実行してみると、coverage がいかに簡単で強力であるかを理解するのに役立ちます。以下の練習問題では、簡単な問題を解いた後、少しおもしろい問題に挑戦してもらいます。

1. single_file.py のカバレッジは 94%でした。
    - 見逃しているコード行をターミナルレポートに追加するためのコマンドラインフラグを追加してください。
    - ボーナス問題：テストを追加または変更してカバレッジを 100%にしてください。
2. some_code の例のカバレッジは 92%でした。
    - HTML レポートを生成して、見逃しているコードを特定してください。
    - ボーナス問題：テストを追加または変更してカバレッジを 100%にしてください。
3. Cards プロジェクトの api.py では、list コマンドのフィルタリング機能に関連するコード行が実行されていないことが判明しました。
    - カバレッジレポートを生成して、api.py で見逃されている 3 行のコードが表示されるようにしてください。
    - 次に示す新しいテストケースごとに 1 つ、合計 3 つの新しいテスト関数を書いて、ch7/test_list.py を拡張してください。
        - list に owner を指定して所有者で絞り込む
        - list に state を指定して状態で絞り込む
        - list に owner と state を指定して所有者と状態で絞り込む
    - カバレッジレポートを生成して、api.py で見逃されている 3 行のコードが実行されたかどうかを確認してください。

9.9 次のステップ

ここまでは、Cards アプリケーションのユーザーインターフェイスである CLI にはほとんど触れてきませんでした。次章では、モックを使って CLI のテストを記述します。また、テストの実行中にモックを使うさまざまな方法とモックの誤った使い方についても説明します。

CHAPTER 10

モック

前章では、API を使って Cards プロジェクトをテストしました。本章では、CLI をテストします。第 7 章の 7.5 節で作成した Cards プロジェクトのテスト戦略には、次の文章が含まれていました。

- CLI については、すべての機能で API が正しく呼び出されることを検証するのに十分なテストを行う。

この戦略を後押しするために、ここでは mock パッケージを使うことにします。Python 3.3 以降のバージョンでは、Python の標準ライブラリの一部（unittest.mock）として mock パッケージが提供されています[1]。このパッケージは、システムの一部を置き換えることで、アプリケーションコードをシステムの他の部分から切り離します。**モックオブジェクト**は、**テストダブル**、**スパイ**、**フェイク**、**スタブ**とも呼ばれます。あなたに必要なテストダブル機能はすべて、pytest の monkeypatch フィクスチャ[2]か mock で見つかるはずです。

本章では、Cards アプリケーションの CLI のテストに mock を利用する方法を調べます。また、Typer が提供している CliRunner をテストに役立てる方法も紹介します。

10.1 コマンドラインインターフェイスを切り離す

Cards アプリケーションの CLI は、コマンドラインのすべての部分の処理に Typer ライブラリ[3] を使っており、実際のロジックは Cards アプリケーションの API に任せています。CLI のテストでは、cli.py モジュールのコードをテストし、システムの他の部分に対するアクセスは遮断したいと考えています。そこで、このモジュールを調べて、Cards システムの他の部分にどのようにアクセスするのかを確認する必要があります。

cli.py モジュールは Cards システムの他の部分にアクセスするために cards をイン

[1] https://docs.python.org/3/library/unittest.mock.html

[2] 第 4 章の 4.3 節を参照。

[3] https://pypi.org/project/typer/

ポートします。

リスト10-1：cards_proj/src/cards/cli.py

```
import cards
```

そして、この cards 名前空間を使って次の要素にアクセスします。

- cards.__version__（文字列）
- cards.CardDB（主な API メソッドを実装しているクラス）
- cards.InvalidCardID（例外）
- cards.Card（CLI と API の間で使う主要なデータ型）

API に対するアクセスのほとんどは、cards.CardsDB オブジェクトを作成するコンテキストマネージャーを使うようになっています。

リスト10-2：cards_proj/src/cards/cli.py

```
@contextmanager
def cards_db():
    db_path = get_path()
    db = cards.CardsDB(db_path)
    yield db
    db.close()
```

ほとんどの関数がこのオブジェクトを使います。たとえば、start コマンドは CardsDB のインスタンスである db を使って db.start() にアクセスします。

リスト10-3：cards_proj/src/cards/cli.py

```
@app.command()
def start(card_id: int):
    """Set a card state to 'in prog'."""
    with cards_db() as db:
        try:
            db.start(card_id)
        except cards.InvalidCardId:
            print(f"Error: Invalid card id {card_id}")
```

add コマンドと update コマンドも cards.Card を使います。cards.Card は第 3 章で使ったデータ構造です。

リスト10-4：cards_proj/src/cards/cli.py

```
db.add_card(cards.Card(summary, owner, state="todo"))
```

version コマンドは cards.__version__を参照します。

リスト10-5：cards_proj/src/cards/cli.py

```
@app.command()
def version():
    """Return version of cards application"""
    print(cards.__version__)
```

CLI をテストするためのモックアップとして、__version__と CardsDB をモックにしてみましょう。

version コマンドは、cards.__version__にアクセスしてその値を出力するだけです。とても単純そうなので、このコマンドから始めることにします。ですがその前に、Typer がテストにどのように役立つのかを見ておきましょう。

10.2 Typer を使ってテストする

Typer の大きな特徴は、テストインターフェイスを提供することです。このテストインターフェイスのおかげで、subprocess.run() を使うことなくアプリケーションを呼び出すことができます。別のプロセスで実行しているものをモックアップすることはできないので、これは願ってもないことです（第 4 章の 4.2 節では、test_version_v1 で subprocess.run() を使う簡単な例を紹介しました）。ここで必要なのは、アプリケーション（cards.app）と、コマンドを表す文字列のリストを、CliRunner の invoke メソッドに渡すことだけです。

version 関数を呼び出す例を見てみましょう。

リスト10-6：ch10/test_typer_testing.py

```
from typer.testing import CliRunner
from cards.cli import app

runner = CliRunner()

def test_typer_runner():
    result = runner.invoke(app, ["version"])
    print()
    print(f"version: {result.stdout}")

    result = runner.invoke(app, ["list", "-o", "brian"])
    print(f"list:\n{result.stdout}")
```

このサンプルテストは次の 2 つのことを行います。

- cards version を実行するために、runner.invoke(app, ["version"]) を呼

び出す。

- cards list -o brian を実行するために、runner.invoke(app, ["list", "-o", "brian"]) を呼び出す。

アプリケーションに渡すリストに"cards"を含める必要はありません。また、文字列の残りの部分は文字列のリストに分割されます。

このコードを実行して、どのような結果になるか見てみましょう[4]。

```
$ <code/ch10 へのパス>
$ pytest -v -s test_typer_testing.py::test_typer_runner
======================== test session starts ==========================
collected 1 item

test_typer_testing.py::test_typer_runner
version: 1.0.0

list:

  ID   state   owner   summary
 ────────────────────────────────────────────────────────────
  3    todo    brian   Finish second edition

PASSED

========================= 1 passed in 0.05s ===========================
```

うまくいったようです。このテストは実際のデータベースに対して実行されています。

ですが先へ進む前に、cards_cli というヘルパー関数を書いておくことにします。CLI のテストではアプリケーションを何回も呼び出すことがわかっているため、この部分を少し単純にしてみましょう。

リスト10-7：ch10/test_typer_testing.py

```
import shlex

def cards_cli(command_string):
    command_list = shlex.split(command_string)
    result = runner.invoke(app, command_list)
    output = result.stdout.rstrip()
    return output
```

[4] **訳注**：同じ結果を得るには、cards add Finish second edition -o brian コマンドを実行して brian のカードを追加しておく必要がある（名前の大文字と小文字は区別される）。

```
def test_cards_cli():
    result = cards_cli("version")
    print()
    print(f"version: {result}")

    result = cards_cli("list -o brian")
    print(f"list:\n{result}")
```

このようにすると、shlex.split() を使って"list -o brian"を ["list", "-o", "brian"] に変換し、その結果を返せるようになります。

では、モックに戻りましょう。

10.3 属性をモックにする

Cards アプリケーションの API へのアクセスには、主に CardsDB オブジェクトを使います。しかし、エントリポイントの 1 つは cards.__version__という単なる属性です。CLI が cards.__version__の値を正しく報告するかどうかはモックを使って確認できます。その方法を見てみましょう。

mock パッケージには、patch メソッドが何種類か定義されています。ここで使うのは patch.object() であり、主にコンテキストマネージャー形式で使います。__version__ をモックアップするコードはリスト 10-8 のようになります。

リスト10-8：ch10/test_mock.py

```
from unittest import mock

import cards
import pytest
from cards.cli import app
from typer.testing import CliRunner

runner = CliRunner()

def test_mock_version():
    with mock.patch.object(cards, "__version__", "1.2.3"):
        result = runner.invoke(app, ["version"])
        assert result.stdout.rstrip() == "1.2.3"
```

テストコードでは、cards をインポートします。そして、その結果として得られる cards オブジェクトに patch を適用します。コンテキストマネージャーとして使われる mock.patch.object() を with ブロックの中で呼び出すと、モックオブジェクトが返されます。このモックオブジェクトは with ブロックを抜けると削除されます。

この例では、with ブロックを実行している間は cards の__version__属性が"1.2.3"に置き換えられます。続いて、invoke() を使ってアプリケーションを version コマンドで呼び出します。version 関数の print 文は改行を追加しますが、この改行を result.stdout.rstrip() で取り除くと比較しやすくなります。

version 関数が CLI のコードから呼び出されたときの__version__属性の値は、元の文字列ではなく、patch.object() を使って置き換えた文字列です。

モックはシステムの一部を何か他のもの（モックオブジェクト）に置き換えます。モックオブジェクトではいろいろなことができます。たとえば、属性の値を設定したり、呼び出し可能オブジェクトの値を返したり、さらには呼び出し可能オブジェクトがどのように呼び出されるかを調べたりすることもできます。

最後の用途がピンとこないとしたら、それはあなただけではありません。多くの人がモックに決して手を出そうとしない理由の 1 つは、この不可解さにあります。この部分がわかってしまえば、残りの部分もああそういうことかと合点がいくはずです。

次は、クラスとクラスメソッドのモックを調べることにします。

10.4 クラスとメソッドをモックにする

config コマンドをテストする方法を調べてみましょう。

リスト10-9：cards_proj/src/cards/cli.py

```
@app.command()
def config():
    """List the path to the Cards db."""
    with cards_db() as db:
        print(db.path())
```

cards_db() は cards.CardsDB オブジェクトを返すコンテキストマネージャーです。このコンテキストマネージャーから返されたオブジェクトを db.path() 呼び出しの db として使います。したがって、cards.CardsDB クラスとそのメソッドの 1 つである path() の 2 つをモックアップする必要があります。

クラスのほうから見ていきましょう。

リスト10-10：ch10/test_mock.py

```
def test_mock_CardsDB():
    with mock.patch.object(cards, "CardsDB") as MockCardsDB:
        print()
        print(f"       class:{MockCardsDB}")
        print(f"return_value:{MockCardsDB.return_value}")
        with cards.cli.cards_db() as db:
```

```
        print(f"       object:{db}")
```

test_mock_CardsDB() は、モックのセットアップが正しく行われたかどうかを確認するための予備的なテスト関数です。

今回モックオブジェクトにするのは CardsDB です。

誰かがモックオブジェクトを呼び出すと、新しいモックオブジェクトが返されます。返されたモックオブジェクトには、元のモックオブジェクトの return_value 属性としてアクセスすることもできます。奇妙に思えますが、とても便利です。

先へ進む前に、モックオブジェクトを確認しておきましょう。

```
$ pytest -v -s test_mock.py::test_mock_CardsDB
======================== test session starts =========================
collected 1 item

test_mock.py::test_mock_CardsDB
       class:<MagicMock name='CardsDB' id='140410645302384'>
return_value:<MagicMock name='CardsDB()' id='140410647097840'>
      object:<MagicMock name='CardsDB()' id='140410647097840'>
PASSED

========================= 1 passed in 0.03s ==========================
```

誰かが CardsDB() を呼び出すと、新しい CardsDB オブジェクトが返されるのではなく、元のオブジェクトの return_value 属性に代入されたモックオブジェクトが返されます。

path 属性を変更できるのは、この 2 つ目のモックオブジェクト（CardsDB() からの戻り値）です。厳密に言うと、実際に変更したいのは path 属性でもありません。ここで変更したいのは、誰かが path() を呼び出したときの**振る舞い**です。したがって、この場合も return_value を変更します。

リスト10-11：ch10/test_mock.py

```
def test_mock_path():
    with mock.patch.object(cards, "CardsDB") as MockCardsDB:
        MockCardsDB.return_value.path.return_value = "/foo/"
        with cards.cli.cards_db() as db:
            print()
            print(f"{db.path=}")
            print(f"{db.path()=}")
```

本当にうまくいくのでしょうか。実際に試してみましょう。

```
$ pytest -v -s test_mock.py::test_mock_path
======================== test session starts =========================
collected 1 item

test_mock.py::test_mock_path
db.path=<MagicMock name='CardsDB().path' id='140712512496016'>
db.path()='/foo/'
PASSED

========================= 1 passed in 0.03s ==========================
```

うまくいったようです。必要なものはこれでほとんど揃いました。

CLIのテストを実際に開始する前に、最後の作業が1つ残っています。データベースのモックをフィクスチャにまとめることです。というのも、このモックは多くのテストメソッドで必要になるからです。

リスト10-12：ch10/test_mock.py

```
@pytest.fixture()
def mock_cardsdb():
    with mock.patch.object(cards, "CardsDB", autospec=True) as CardsDB:
        yield CardsDB.return_value
```

このフィクスチャはCardsDBオブジェクトをモックアップし、return_valueを返します。このため、テストではreturn_valueを使ってpathなどを置き換えることができます。

リスト10-13：ch10/test_mock.py

```
def test_config(mock_cardsdb):
    mock_cardsdb.path.return_value = "/foo/"
    result = runner.invoke(app, ["config"])
    assert result.stdout.rstrip() == "/foo/"
```

最初のCLIテストはこれで完成です。見た目はそれほど怖くなさそうです。

ただし、フィクスチャにもう1つautospec=Trueという要素が追加されている点に注目してください。次は、この要素について説明します。

10.5 autospecを使ってモックと実装を一致させる

一般に、モックオブジェクトは本物の実装の代わりに使うためのオブジェクトです。ただし、デフォルトでは、モックオブジェクトはどのようなアクセスでも受け入れます。たとえば、本物のオブジェクトが.start(index)をサポートしている場合は、モックオブジェクトでも.start(index) をサポートしたいと考えます。ですが、問題があります —— モックオブジェクトがデフォルトでは柔軟すぎることです。メソッドが start() ではなく star() であろうと、スペルが間違っていようと、余計なパラメータが追加されていようと、モックオブジェクトはそれこそ何でも受け入れてしまいます。

もちろん、最初はそんなことにはならないでしょう。最初のうちは（きっと）ちゃんとしたメソッド名と然るべきパラメータを使ったテストになるはずです。しかし、そのうち**モックドリフト**（mock drift）が発生するかもしれません。モックドリフトとは、モックアップしているインターフェイスが変更され、テストコードのモックが変更されないときに発生する現象です。

この種のモックドリフトには、CardsDB で行ったように、モックの作成時に autospec=True を追加するという方法で対処します。そのようにしておかないと、たとえ本物のオブジェクトにとって意味をなさないものであろうと、モックはどのような関数がどのようなパラメータで呼び出されても受け入れてしまいます。

例として、引数を指定した上で path メソッドを呼び出してみましょう。さらに、存在しない not_valid というメソッドも呼び出してみましょう。

リスト10-14：ch10/test_mock.py

```
def test_bad_mock():
    with mock.patch.object(cards, "CardsDB") as CardsDB:
        db = CardsDB("/some/path")
        db.path()         # 有効な呼び出し
        db.path(35)       # 無効な引数
        db.not_valid()    # 無効なメソッド
```

このテストは問題なく成功します。

```
$ pytest -v -k bad_mock test_mock.py
========================= test session starts ==========================
collected 7 items / 6 deselected / 1 selected

test_mock.py::test_bad_mock PASSED                                 [100%]

=================== 1 passed, 6 deselected in 0.03s ====================
```

でも、それでは困るのです。仕様を持たないモックにより、次のような通常の誤りの多くが隠されてしまうからです。

- ソースコードのメソッドのスペルが間違っている。.path() ではなく.pth() になっているなど。

- API メソッドのパラメータを追加または削除し、そのメソッドを呼び出す CLI のコードを変更するのを忘れている。
- リファクタリング時にメソッド名を変更し、やはり他の場所を変更するのを忘れている。

autospec=True という小さなコードを追加すると、これらの誤りがテストによって捕捉されるようになります。

リスト10-15：ch10/test_mock.py

```
def test_good_mock():
    with mock.patch.object(cards, "CardsDB", autospec=True) as CardsDB:
```

そして、pytest とモックは誤りを検出すると次のような行を生成します。

```
E           TypeError: too many positional arguments
```

または、

```
E           AttributeError: Mock object has no attribute 'not_valid'
```

テストをモックドリフトから保護するために、可能であれば常に autospec を使ってください。autospec を使えないのは、モックアップするクラスまたはオブジェクトがメソッドに関して必然的に動的である場合、または属性が実行時に追加される場合だけです。autospec については、Python のドキュメントで大きなセクション[5] が設けられているので、ぜひ読んでおいてください。

10.6 関数が正しく呼び出されることを確認する

ここまでは、モックアップしたメソッドの戻り値を利用して、アプリケーションコードがそれらの戻り値を正しく処理していることを確認してきました。しかし、利用できるような戻り値がないこともあります。そのような場合は、正しく呼び出されたかどうかをモックオブジェクトに実際に尋ねることができます。

config コマンドは db.path() を呼び出してその戻り値を出力します。このため、db.path() の戻り値をモックアップして config が出力する内容をテストできます。

[5] https://docs.python.org/3/library/unittest.mock.html#autospeccing

count コマンドは db.count() の戻り値を出力するため、config コマンドと同じようにテストできます。

しかし、コマンドによっては出力がないことがあります。その場合は、振る舞いをテストするために出力を調べるというわけにはいきません。たとえば、cards add some tasks -o brian には出力がありません。

cards_cli("add some tasks -o brian") を呼び出した後は、このカードがデータベースに追加されたかどうかを「API を使って」テストするのではなく、CLI が正しい API メソッドを正しく呼び出したかどうかを「モックを使って」テストします。

add コマンドの実装を見ると、Card オブジェクトを使って db.add_card() を呼び出しています。

リスト10-16：cards_proj/src/cards/cli.py

```
db.add_card(cards.Card(summary, owner, state="todo"))
```

そこで、この呼び出しが正しく実行されたかどうかをモックに問い合わせることができます。

リスト10-17：ch10/test_cli.py

```
def test_add_with_owner(mock_cardsdb):
    cards_cli("add some task -o brian")
    expected = cards.Card("some task", owner="brian", state="todo")
    mock_cardsdb.add_card.assert_called_with(expected)
```

add_card() が呼び出されていない、または呼び出し時に指定した型やオブジェクトの内容が間違っている場合、このテストは失敗します。たとえば、Brian の "B" を大文字にするはずが CLI の呼び出しでは大文字になっていない場合は、次のような出力が表示されます。

```
......
E       AssertionError: expected call not found.
E       Expected: add_card(Card(summary='some task', owner='Brian', ...
E       Actual: add_card(Card(summary='some task', owner='brian', ...
......
```

assert_called() にはさまざまな種類があるため、詳細についてはドキュメント[6] を参照してください。何かが正しく呼び出されたかどうかを確認する方法でしかテストできない場合は、さまざまな assert_called メソッドを使って目的を達成できます。

---

[6] https://docs.python.org/3/library/unittest.mock.html#unittest.mock.Mock.assert_called

10.7 エラー状態を作り出す

次は、Cards アプリケーションの CLI がエラー状態を正しく処理することを確認してみましょう。たとえば、`delete` コマンドはリスト 10-18 のように実装されています。

リスト10-18：cards_proj/src/cards/cli.py

```
@app.command()
def delete(card_id: int):
    """Remove card in db with given id."""
    with cards_db() as db:
        try:
            db.delete_card(card_id)
        except cards.InvalidCardId:
            print(f"Error: Invalid card id {card_id}")
```

CLI がエラー状態に対処するかどうかをテストするために、モックオブジェクトの `side_effect` 属性に例外を割り当てて、`delete_card()` がその例外を生成するように見せかけることができます。

リスト10-19：ch10/test_cli.py

```
def test_delete_invalid(mock_cardsdb):
    mock_cardsdb.delete_card.side_effect = cards.api.InvalidCardId
    out = cards_cli("delete 25")
    assert "Error: Invalid card id 25" in out
```

CLI をテストするために必要なものはこれでだいたい揃ったようです。ここでは、戻り値のモック、モック関数が呼び出される方法の検証、例外のモックについて説明しました。Cards アプリケーションの CLI を含め、多くのアプリケーションで必要となるモック手法は以上になります。ただし、モックに関して取り上げていない内容がまだたくさんあるため、モックを存分に活用したい場合は必ずドキュメントを読んでください。

Column テストの振る舞いではなく実装をモックにする

モックを使うときの最大の問題の 1 つは、振る舞いをテストするためではなく、**実装**をテストするためにモックを使うことです。実装のテストに焦点を合わせるのは危険であり、時間もかかってしまいます。たとえば、変数名を変更するといった完全に有効なリファクタリングが、まさにその変数がモックアップされていたためにテストを失敗させるかもしれません。

有効なリファクタリングで失敗するテストには、**Change Detector テスト**という名前が付いています。ほとんどのテストについては、振る舞いが紛れもなく壊れている場合にのみ失敗するようにしたいところです。コードを変更するとテストが必ず失敗するとしたら、それらのテストは Change Detector テストです。Change Detector テストは苦労のわりに得るものが少ないと相場が決まっています。

モックを使うことに意味はあるのでしょうか。もちろんです。例外またはエラー状態を生成し、コードがそれらを正しく処理することを確認したいとしましょう。場合によっては、その最も単純な方法はモックです。また、決済 API へのアクセスやメールの送信のように、振る舞いをテストするのは合理的ではないという状況もあります。そのような場合のテストとしては、コードが然るべきタイミングで、正しいパラメータを使って、特定の API メソッドを呼び出すことを確認するというのが妥当な線でしょう。ただし、振る舞いではなく実装をテストするとどうなるのかを知っておくのはよいことです。

10.8 モックを避けるために複数の層をテストする

Cards プロジェクトの最初のテスト戦略である「CLI については、すべての機能で API が正しく呼び出されることを検証するのに十分なテストを行う」に関しては、文字どおり、API 呼び出しをチェックするものとして解釈できます。ここでモックを使って行ったことと同じです。しかし、このテスト戦略は他の方法でも遂行できます。

CLI のテストでは、API を使うこともできます。API をテストするのではなく、CLI を使って実行するアクションの振る舞いをチェックするために API を使うのです。どういうことか見てみましょう。

リスト10-20：ch10/test_cli_alt.py

```
def test_add_with_owner(cards_db):
    """
    A card shows up in the list with expected contents.
    """
    cards_cli("add some task -o brian")
    expected = cards.Card("some task", owner="brian", state="todo")
    all_cards = cards_db.list_cards()
    assert len(all_cards) == 1
```

```
    assert all_cards[0] == expected
```

モックバージョンと比較してみましょう。

リスト10-21：ch10/test_cli.py

```
def test_add_with_owner(mock_cardsdb):
    cards_cli("add some task -o brian")
    expected = cards.Card("some task", owner="brian", state="todo")
    mock_cardsdb.add_card.assert_called_with(expected)
```

モックバージョンはCLIの実装をテストしており、特定のAPIが特定のパラメータで呼び出されたことを確認しています。これに対し、CLI層とAPI層を組み合わせるアプローチがテストするのは振る舞いであり、結果が期待どおりであるかどうかを確認します。この手のアプローチはChange Detectorになりにくく、リファクタリングを行っても有効であり続ける可能性が高くなります。

ch10/test_cli_alt.pyの残りの部分では、モックをこのアプローチに完全に置き換えています。おもしろいことに、実行速度が約2倍になっています。

```
$ pytest test_cli.py
========================= test session starts ==========================
collected 17 items

test_cli.py .................                                     [100%]

========================== 17 passed in 0.26s ==========================
$ pytest test_cli_alt.py
========================= test session starts ==========================
collected 17 items

test_cli_alt.py .................                                 [100%]

========================== 17 passed in 0.11s ==========================
```

モックを使わない方法がもう1つあります。振る舞いをCLIから完全にテストしようと思えばできないことはないからです。ただし、cards list コマンドの出力を解析して、データベースの内容が正しいかどうかを検証する必要があるでしょう。

APIでは、add_card() がインデックス (ID) を返すようになっていて、get_card(index) が定義されているため、これらのメソッドをテストに利用できます。CLIには、このような関数はありませんが、概念的には表現できそうです。cards list コマンドを使ってすべてのカードを取得する代わりに、cards get index コマンドか cards info index コマンドを追加して、カードを1枚だけ取得できるようにしてもよいかもしれません。また、

cards list コマンドはすでにフィルタリング機能をサポートしています。新しいコマンドを追加するよりも、index でフィルタリングするほうがうまくいきそうです。そして出力を cards add コマンドに追加して"Card added at index 3"のようにできます。このような変更は「テスタビリティのための設計」に分類されます。また、インターフェイスにそれほど大きな影響を与えないように思えるため、将来のバージョンで検討してもよいかもしれません。

10.9 プラグインを使ってモックを支援する

本章では、unittest.mock を直接使う方法を重点的に見てきました。しかし、モックを支援するプラグインはたくさんあります。たとえば、pytest-mock は汎用目的のプラグインであり、unittest.mock の薄いラッパーとして機能する mocker というフィクスチャを提供します。pytest-mock を使う利点の 1 つは、mocker フィクスチャが後始末までしてくれるので、ここまでの例で見てきたような with ブロックを使う必要がないことです。

専用のモックライブラリも何種類か提供されています。これらのライブラリのターゲットが、あなたがテストしているものと一致する場合は、ぜひ検討してみてください。

- データベースアクセスのモックアップでは、pytest-postgresql、pytest-mongo、pytest-mysql、pytest-dynamodb を試してみることができる。
- HTTP サーバーのモックアップでは、pytest-httpserver を試してみることができる。
- リクエストのモックアップでは、responses と betamax を試してみることができる。

この他にも、pytest-rabbitmq、pytest-solr、pytest-elasticsearch、pytest-redis などのツールが提供されています。

これらのツールはほんの一部にすぎません。モックを使ってシステムの一部を切り離したいと考えている人は大勢います。サードパーティのサービスを利用している場合、そのサービスをモックアップするのに役立つ pytest プラグインや他のパッケージを誰かが作成している可能性は十分にあります。カスタムモックを開発する前にざっと調べてみると時間の節約になるかもしれません。

10.10 ここまでの復習

本章では、モックとモックオブジェクトを使って、コードの層を切り離した上でテストする方法を紹介しました。モックを利用すれば、アプリケーションコードの一部をモックオブジェクトや他のコードに置き換えることができます。さらに、次のように利用することもできます。

- モックオブジェクトでは、戻り値をシミュレートし、例外を生成し、モックオブジェクトがどのように呼び出されたかを記録できる。
- `CardsDB` などのオブジェクトをモックアップするときに `autospec=True` を指定すると、モックドリフトを回避するのに役立つほか、テストでのモックの使い方が元のオブジェクトの API と同じであることを確認できる。
- 戻り値は `mock_object.return_value = <新しい値>` でシミュレートできる。
- 例外は `mock_object.side_effect = Exception` でシミュレートできる。

モックオブジェクトを関数として呼び出すときには、`return_value` を設定していない限り、新しいモックオブジェクトが返されます。

モックには欠点もあります。そのうち最も重要なのは、テスト中にモックを使うことが振る舞いではなく実装のテストを意味することです。

複数の層をテストすることは、モックを使う必要をなくす方法の 1 つです。

テストを容易にする機能を追加することは「テスタビリティのための設計」の一部です。そうした機能を利用すれば、複数レベルでのテストやより高いレベルでのテストが可能になります。

10.11 練習問題

モックはテストに大きく役立つツールであり、その使い方を知っておくことは重要です。ここで少し時間を割いてモックに慣れておけば、モックの概念をしっかり理解して、将来テストを行うときにモックを利用できそうな場所に目星をつけるのに役立つでしょう。

以下の練習問題では、`my_info.py` という小さなスクリプトを使います。

リスト10-22：exercises/ch10/my_info.py

```
from pathlib import Path

def home_dir():
    return str(Path.home())
```

```
if __name__ == "__main__":
    print(home_dir())
```

home_dir() は pathlib を使ってユーザーのホームディレクトリを取得する関数です。その仕組みを実際に確認できるように__name__ == "__main__"を追加してあります。筆者が実行した結果は次のようになりました。

```
$ cd <code/exercises/ch10 へのパス>
$ python my_info.py
/Users/okken
```

言うまでもなく、ホームディレクトリはユーザーごとに異なるため、この関数をテストするのは容易ではありません。

1. test_my_info.py で、モックを使って Path.home() の戻り値を"/users/fake_user"に変更し、home_dir() の戻り値をチェックするテストを書いてください。
2. home_dir() を呼び出し、戻り値を確認するのではなく、単に Path.home() が home_dir() によって呼び出されたかどうかをチェックするテストを書いてください。

10.12 次のステップ

API と CLI の両方でテストを行った結果、アプリケーションのカバレッジは 100%であり、すべて順調に進んでいます。この調子で作業を進めましょう。次章では、コードを変更したらそのつどテストを実行し、コードが相変わらず正常に動作することを確認する方法を学びます。

CHAPTER 11

toxと継続的インテグレーション

チームで作業を行っていて、全員が同じコードベースに取り組んでいる場合は、継続的インテグレーション（continuous integration：CI）によって生産性が驚くほど向上します。CIは、開発者全員を対象に、各開発者がコードに加えた変更を共有リポジトリに定期的に（通常は1日に数回）マージするという手法です。CIはプロジェクトに1人で取り組んでいる場合にも非常に役立ちます。

CIに使われるほとんどのツールはサーバー上で実行されます（GitHub Actionsはそうしたツールの1つです）。toxはCIツールとよく似た自動化ツールですが、ローカルで実行することも、他のCIツールと組み合わせてサーバー上で実行することもできます。

本章では、Cardsアプリケーションをローカルでテストするためにtoxを設定する方法を調べます。続いて、GitHub Actionsを使ってGitHubでテストを行うための準備をします。まず、CIとは具体的にどういうものなのかを明らかにし、テストの世界でのCIの位置付けを確認することにします。

11.1 継続的インテグレーションとは何か

ソフトウェアエンジニアリングにおいて「継続的インテグレーション（CI）」という名前の意味を理解するには、歴史を紐解く必要があります。CIが実装される以前は、ソフトウェアチームはバージョン管理システムを使ってコードの更新を管理しており、開発者はそれぞれ異なるコードブランチで機能を追加したりバグを修正したりしていました。コードのマージ、ビルド、（願わくば）テストは何らかのタイミングで行われていました。コードがマージされる頻度は、「コードの準備ができたらマージする」から、毎週または隔週などの定期的なマージまで、さまざまでした。コードを1つにまとめることから、このマージフェーズは「統合（インテグレーション）」と呼ばれていました。

このようなバージョン管理では、コードの競合が頻発していました。このため、マージの実行とマージの競合のデバッグに専任の開発者を割り当てていたチームもあり、意思決定を行うために他の開発者に助けてもらわなければならないことがありました。マージのエラーがテスト段階まで発見されなかったり、もっと後の段階になってようやく発見されたりすることもありました。

こんな状態では、ソフトウェアの開発が楽しいはずがありません。そこで誕生したのがCI でした。

CI ツールはビルドとテスト実行をすべて自動的に行います。通常、これらのツールはマージリクエストによって開始されます。ビルド段階とテスト段階が自動化されるため、開発者はより頻繁に（場合によっては 1 日に何回も）統合を行うことができます。この頻繁なマージによってブランチ間のコードの変化が小さくなり、マージの競合が起きにくくなります。このことに加えて、Git のようなツールの自動マージ機能が進化した結果、継続的インテグレーションプロセスの「継続的」という部分も実現されています。

従来の CI ツールはビルドとテストのプロセスを自動化します。場合によっては、最終的なメインコードブランチに対する実際のマージも CI システムで処理できることがあります。ただし、テストが終わればツールの役目も終わり、ということのほうが多いようです。その後をソフトウェアチームが引き継いでコードのレビューを行い、リビジョン管理システムの「マージ」ボタンをクリックすることができます。

一見すると、CI が最も役立つのはチームでの作業のように思えます。しかし、CI がプロジェクトにもたらす自動化、利便性、整合性は、1 人で行うプロジェクトにとっても価値があります。

11.2 速習：tox

tox[1] は完全なテストスイートを複数の環境で実行できるようにするコマンドラインツールです。CI を学ぶなら、tox から始めるのがうってつけです。tox は、厳密には CI システムではありませんが、CI システムによく似ており、しかもローカルで実行できます。ここでは、tox を使って Cards アプリケーションを Python の複数のバージョンでテストします。ただし、tox を利用すれば、Python のさまざまなバージョンはもちろん、さまざまな依存関係設定で、あるいはさまざまな OS のさまざまな設定でもテストを行うことができます。

tox の仕組みを大まかに捉えるための思考モデルは次のようになります。

tox は、テスト対象のパッケージの `setup.py` または `pyproject.toml` に格納されているプロジェクト情報を使って、そのパッケージのインストール可能なディストリビューションを作成します。そして、`tox.ini` で環境のリストを調べた後、環境ごとに次の作業を行います。

1. `.tox` ディレクトリに仮想環境を作成する。

---

1 `https://tox.wiki`

2. 依存パッケージをインストールする（pip install）。
3. パッケージをビルドする。
4. パッケージをインストールする（pip install）。
5. テストを実行する。

すべての環境でのテストが終了した後、tox はすべてのテストのサマリー情報を報告します。実際に見たほうがよく理解できるので、tox を Cards プロジェクトで使うために準備する方法を調べてみましょう。

tox に代わる方法

tox は多くのプロジェクトで使われていますが、同じような機能を実行するツールは他にもあります。tox に代わるツールとして、nox と invoke の 2 つがあります。筆者が普段使っているツールは tox なので、本章では tox に焦点を合わせます。

11.3 tox を使うための準備

ここまでは、cards_proj のコードを 1 つのディレクトリに格納し、テストを各章のディレクトリに格納してきました。ここでは、それらを 1 つのプロジェクトにまとめて、tox.ini ファイルを追加します。

コードのレイアウトは次のようになります（一部省略してあります）。

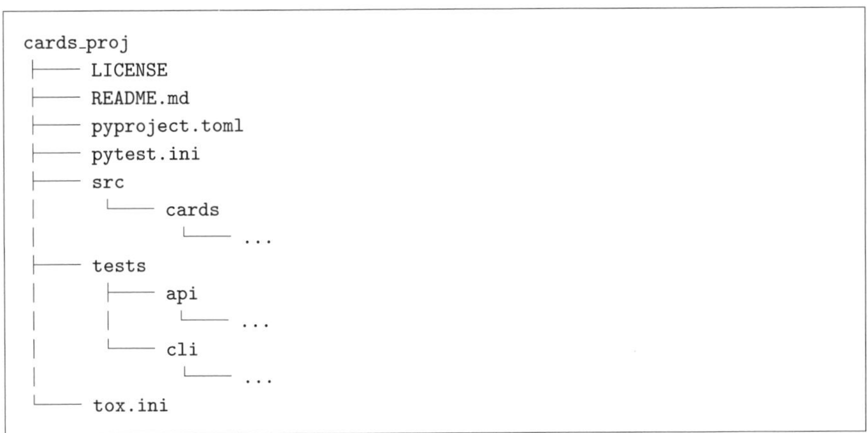

```
cards_proj
├─── LICENSE
├─── README.md
├─── pyproject.toml
├─── pytest.ini
├─── src
│     └─── cards
│           └─── ...
├─── tests
│     ├─── api
│     │     └─── ...
│     └─── cli
│           └─── ...
└─── tox.ini
```

完全なプロジェクトは code/ch11/cards_proj で調べることができます。これは多くのパッケージプロジェクトで使われている一般的なレイアウトです。

Cards プロジェクトの tox.ini ファイルはごく基本的なものです。

リスト11-1：ch11/cards_proj/tox.ini

```
[tox]
envlist = py310
isolated_build = True

[testenv]
deps =
  pytest
  faker
commands = pytest
```

[tox] の下に envlist = py310 があります。この行は tox に Python 3.10 を使ってテストを実行させるための省略表記です。後ほど Python のバージョンをさらに追加しますが、tox の流れをよく理解するために、ひとまずバージョンは 1 つにします。isolated_build = True の行にも注目してください。Cards プロジェクトの Python に対するビルド命令は pyproject.toml ファイルで設定します。pyproject.toml ファイルで設定を行うプロジェクトでは例外なく、この isolated_build = True という設定が必要です。なお、setuptools ライブラリを使って setup.py で設定を行うプロジェクトでは、この行を省略することができます。

[testenv] の下にある deps セクションには、pytest と faker が指定されています。この設定は、テストを行うにはこれらのツールのインストールが必要であることを tox に伝えるものです。必要であれば、pytest == 6.2.4 や pytest >= 6.2.4 のようにバージョンを指定することもできます。

最後の commands 設定は、tox にそれぞれの環境で pytest を実行させます。

11.4 toxを実行する

tox を実行するには、tox がインストールされていなければなりません。tox のインストールは仮想環境で行うことができます。

```
$ pip install tox
```

tox を実行するには、その……単に tox を実行します。

```
$ cd <code/ch11/cards_proj へのパス>
$ tox
py310 create: <code/ch11/cards_proj へのパス>/.tox/py310
py310 installdeps: pytest, faker
```

```
py310 inst: <code/ch11/cards_proj へのパス>/.tox/.tmp/package/1/cards-1.0.0.
tar.gz
py310 installed: ......
......
py310 run-test: commands[0] | pytest
======================== test session starts =========================
collected 51 items

tests/api/test_add.py .....                                     [  9%]
tests/api/test_config.py .                                      [ 11%]
......
tests/cli/test_update.py .                                      [ 98%]
tests/cli/test_version.py .                                     [100%]

======================== 51 passed in 0.32s ==========================
_________________________________ summary ____________________________
  py310: commands succeeded
  congratulations :)
```

toxは最後に、すべてのテスト環境（今のところはpy310のみ）のサマリー情報とそれらの結果を出力します。

```
_________________________________ summary ____________________________
  py310: commands succeeded
  congratulations :)
```

“congratulations”と笑顔の顔文字だなんて、ほっこりしますね。

11.5 Pythonの複数のバージョンでテストする

`tox.ini` ファイルの `envlist` を拡張し、Python のバージョンをさらに追加してみましょう。

リスト11-2：ch11/cards_proj/tox_multiple_pythons.ini

```
[tox]
envlist = py37, py38, py39, py310
isolated_build = True
skip_missing_interpreters = True
```

このようにすると、Pythonのバージョン3.7から3.10でテストを実行することになります。

`skip_missing_interpreters = True` という設定も追加されています。この設定が

False（デフォルト）の場合、envlistに指定されているバージョンの中にシステムにインストールされていないものが1つでもあれば、toxは失敗します。この設定がTrueの場合、toxは失敗せず、利用可能なバージョンでテストを実行し、見つからないバージョンはスキップします。

生成される出力は先ほどと同様です（出力を一部省略しています）。

```
$ tox -c tox_multiple_pythons.ini
......
py37 run-test: commands[0] | pytest
......
py38 run-test: commands[0] | pytest
......
py39 run-test: commands[0] | pytest
......
py310 run-test: commands[0] | pytest
......
________________________________________ summary ________________________________________
  py37: commands succeeded
  py38: commands succeeded
  py39: commands succeeded
  py310: commands succeeded
  congratulations :)
```

なお、tox.iniの代わりに別の設定を使うことは滅多にありません。ここでは単に、同じプロジェクトでさまざまなtox.ini設定を確認できるようにするためにtox -c tox_multiple_pythons.iniを使いました。

11.6 複数のtox環境を同時に実行する

前節の例では、複数の環境を順番に実行しました。-pフラグを使ってそれらの環境を同時に実行することもできます。

```
$ tox -c tox_multiple_pythons.ini -p
✔ OK py310 in 3.921 seconds
✔ OK py37 in 4.02 seconds
✔ OK py39 in 4.145 seconds
✔ OK py38 in 4.218 seconds
________________________________________ summary ________________________________________
  py37: commands succeeded
  py38: commands succeeded
  py39: commands succeeded
  py310: commands succeeded
```

```
congratulations :)
```

この出力は省略されていません。すべてのテストが成功した場合に実際に生成される出力は、これで全部です。

11.7 カバレッジレポートを tox に追加する

tox.ini ファイルに変更を 2 つ追加すると、テストの実行にカバレッジレポートを追加できます。まず、deps の設定に pytest-cov を追加して、tox テスト環境に pytest-cov プラグインがインストールされるようにする必要があります。pytest-cov を追加すると、coverage などの依存パッケージもすべてインストールされます。次に、pytest の commands 呼び出しを拡張し、pytest --cov=cards にします。

リスト11-3：ch11/cards_proj/tox_coverage.ini

```
[testenv]
deps =
  pytest
  faker
  pytest-cov
commands = pytest --cov=cards
```

tox で coverage を使うときには、どのソースパスを同一と見なせばよいかを教えるために.coveragerc ファイルも設定するとよいでしょう。

リスト11-4：ch11/cards_proj/.coveragerc

```
[paths]
source =
    src
    .tox/*/site-packages
```

最初はどういうことかよくわからないかもしれません。tox は仮想環境を.tox ディレクトリに作成します（たとえば.tox/py310）。Cards プロジェクトのソースコードは、tox を実行する前は src/cards ディレクトリにあります。しかし、cards パッケージを tox がインストールすると、Cards プロジェクトのソースコードは.tox のどこかに埋もれた site-packages/cards ディレクトリに存在するようになります。たとえば Python 3.10 では、.tox/py310/lib/python3.10/site-packages/cards に現れます。

coverage の source 設定のリストに src と.tox/*/site-packages を追加するのは、先のコードから次の出力を得るための省略表記です。

```
$ tox -c tox_coverage.ini -e py310
......
py310 run-test: commands[0] | pytest --cov=cards
......
---------- coverage: platform darwin, python 3.x.y -----------
Name                      Stmts   Miss  Cover
---------------------------------------------
src/cards/__init__.py         3      0   100%
src/cards/api.py             72      0   100%
src/cards/cli.py             86      0   100%
src/cards/db.py              23      0   100%
---------------------------------------------
TOTAL                       184      0   100%

========================== 51 passed in 0.44s ==========================
_____________________________ summary _____________________________
  py310: commands succeeded
  congratulations :)
```

なお、この例では特定の環境を選択するために-e py310 オプションも使っています。

11.8 カバレッジのベースラインを指定する

coverage を tox から実行するときには、カバレッジのベースライン（パーセンテージ）を設定して、ベースラインを満たさないものが 1 つでもあれば警告するようにしておくのも効果的です。この設定には、--cov-fail-under フラグを使います。

リスト11-5：ch11/cards_proj/tox_coverage_min.ini

```
[testenv]
deps =
  pytest
  faker
  pytest-cov
commands = pytest --cov=cards --cov=tests --cov-fail-under=100
```

このようにすると、出力に新しい行が追加されるはずです。

```
$ tox -c tox_coverage_min.ini -e py310
......
Name                          Stmts   Miss  Cover
-------------------------------------------------
src/cards/__init__.py             3      0   100%
src/cards/api.py                 72      0   100%
src/cards/cli.py                 86      0   100%
```

```
......
tests/cli/test_version.py        3      0   100%
tests/conftest.py               22      0   100%
---------------------------------------------------
TOTAL                          439      0   100%

Required test coverage of 100% reached. Total coverage: 100.00%    ←

========================= 51 passed in 0.43s ==========================
_________________________________ summary _________________________________
  py310: commands succeeded
  congratulations :)
```

この例では、他にも 2 つのフラグを使っています。まず、tox.ini ファイルで pytest の呼び出しに--cov=tests を追加して、すべてのテストが実行されるようにしました。次に、tox のコマンドラインに-e py310 を追加しました。-e フラグを使うと、実行する tox 環境を 1 つに絞り込むことができます。

11.9 tox から pytest にパラメータを渡す

前節で説明したように、-e py310 を指定すると、実行する環境を 1 つに絞り込むことができます。もう 1 つ変更を加えて、pytest にパラメータを渡せるようにすると、実行するテストも絞り込むことができます。

変更自体は単純で、pytest コマンドに {posargs} を追加するだけです。

リスト11-6：ch11/cards_proj/tox_posargs.ini

```
[testenv]
deps =
  pytest
  faker
  pytest-cov
commands =
  pytest --cov=cards --cov=tests --cov-fail-under=100 {posargs}
```

pytest にパラメータを渡すには、tox のパラメータと pytest のパラメータの間に--を追加します。例として、キーワードフラグ-k を使って test_version テストを選択することにします。また、--no-cov フラグを使って coverage を無効にします（テストを 2 つ実行するだけならカバレッジを計測しても意味がありません）。

```
$ tox -c tox_posargs.ini -e py310 -- -k test_version --no-cov
......
```

```
py310 run-test: commands[0] | pytest --cov=cards --cov=tests
 --cov-fail-under=100 -k test_version --no-cov
======================== test session starts ==========================
collected 51 items / 49 deselected / 2 selected

tests/api/test_version.py .                                      [ 50%]
tests/cli/test_version.py .                                      [100%]

================== 2 passed, 49 deselected in 0.10s ===================
_______________________________ summary _______________________________
  py310: commands succeeded
  congratulations :)
```

toxでは、他にもいろいろすごいことができます。本書で取り上げていないニーズがある場合は、toxのドキュメント[2]で調べてください。

toxのすばらしい点は、テストプロセスをローカルで自動化できることだけではなく、クラウドベースの継続的インテグレーション（CI）でも役立つことです。次節では、GitHub Actionsを使ってpytestとtoxを実行してみましょう。

11.10 GitHub Actionsを使ってtoxを実行する

コードをコミットまたはマージする前にいつもtoxを実行するように気をつけているとしても、変更のたびに**必ず**toxを実行するようにCIシステムを設定しておくと非常に便利です。GitHub Actions[3]が利用できるようになったのは2019年からですが、Pythonプロジェクトではすでに大きな人気を集めています。

GitHub ActionsはGutHubが提供しているクラウドベースのCIシステムです。プロジェクトのリポジトリとしてGitHubを使っているとしたら、ActionsはCIに対する自然な選択肢です。

CIに代わる手法

GitHub ActionsはCIツールの1つにすぎません。GitLab CI、Bitbucket Pipelines、CircleCI、Jenkinsなど、すばらしいCIツールが他にもたくさんあります。

GitHubリポジトリにActionsを追加する方法は簡単です。単に、ワークフローファイ

2 https://tox.wiki/

3 https://github.com/features/actions

ルである`.yml`をプロジェクトのトップレベルにある`.github/workflows/`ディレクトリに追加するだけです。Cards プロジェクトの`main.yml`を見てみましょう。

リスト11-7：ch11/cards_proj/.github/workflows/main.yml

```
name: main

on: [push, pull_request]

jobs:
  build:

    runs-on: ubuntu-latest
    strategy:
      matrix:
        python: ["3.7", "3.8", "3.9", "3.10"]

    steps:
      - uses: actions/checkout@v2
      - name: Setup Python
        uses: actions/setup-python@v2
        with:
          python-version: ${{ matrix.python }}
      - name: Install Tox and any other packages
        run: pip install tox
      - name: Run Tox
        run: tox -e py
```

このファイルで何が設定されているのか見ていきましょう。

- `name`には何を設定してもよい。この名前は後ほど確認する GitHub Actions のユーザーインターフェイスに表示される。
- `on: [push, pull_request]`は、コードをリポジトリにプッシュするたびに、またはプルリクエストが作成されるたびに、Actions にテストを実行させる。つまり、コードの変更をプッシュすると、テストが実行される。誰かがプルリクエストを作成したときもやはりテストが実行される。プルリクエストでは、テストの実行結果をプルリクエストのインターフェイスで確認できる。後ほど見ていくように、すべてのアクションの実行結果は GitHub インターフェイスの［Actions］タブで確認できる。
- `runs-on: ubuntu-latest`は、テストをどの OS で実行するのかを指定する。ここでは Linux を使っているが、他の OS も利用できる。
- `matrix: python: ["3.7", "3.8", "3.9", "3.10"]`は、Python のどのバージョンを実行するのかを指定する。

- `steps` はステップのリストである。各ステップの `name` には何を指定してもよく、省略することもできる。
- `uses: actions/checkout@v2` は、リポジトリをチェックアウトしてワークフローの残りの部分からアクセスできるようにする GitHub Actions のツールである。
- `uses: actions/setup-python@v2` は、Python を設定してビルド環境にインストールする GitHub Actions のツールである。
- `with: python-version: ${{ matrix.python }}` は、`matrix: python` に指定された Python のバージョンごとに環境を作成することを指定する。
- `run: pip install tox` は tox をインストールする。
- `run: tox -e py` は tox を実行する。ここでは `py` 環境を指定していないため、`-e py` は少し意外かもしれない。ただし、このようにすると `tox.ini` で指定された正しいバージョンの Python がきちんと選択される。

GitHub Actions の構文は、最初は不可解に思えるかもしれませんが、ドキュメントできちんと解説されているので安心してください。Actions のドキュメントの「Building and Testing Python」ページ[4]から読んでいくとよいでしょう。このドキュメントでは、tox を使わずに pytest を直接実行する方法や、`matrix` を拡張して複数の OS で実行する方法も解説されています。

`.yml` ファイルを準備して GitHub リポジトリにプッシュすると、このファイルの内容が自動的に実行されるようになります。

これまでの実行結果を確認するには、［Actions］タブを選択します。

左側を見ると、さまざまな Python 環境が並んでいます。いずれかの環境を選択すると、その環境での実行結果が表示されます。

4　`https://docs.github.com/en/actions/guides/building-and-testing-python`（英語）
`https://docs.github.com/ja/actions/automating-builds-and-tests/building-and-testing-python`（日本語）

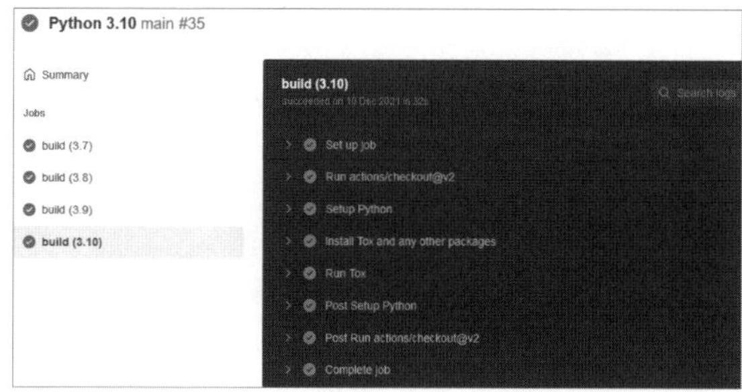

トップレベルの `name` 設定である `main` が一番上に表示されています。また、各ステップの名前が右側に表示されていることもわかります。

tox と CI から他のツールを実行する

ここでは、tox と GitHub Actions を使って pytest を実行しました。しかし、これらのツールを使ってできることはまだたくさんあります。多くのプロジェクトでは、これらのツールを使って静的解析、型検査、コードの書式検査などを行う他のツールを実行します。詳しくは tox と GitHub Actions のドキュメントを参照してください。

11.11 ここまでの復習

本章では、tox と GitHub Actions を使って、Python の複数のバージョンで pytest を実行しました。また、次の方法も確認しました。

- 複数の tox 環境を同時に実行する
- `coverage` を使ってテストする
- カバレッジのベースライン（パーセンテージ）を設定する
- 特定の環境を実行する
- tox コマンドラインから pytest にパラメータを渡す
- GitHub Actions で tox を実行する

11.12 練習問題

tox は単に読んで理解するよりも実際に使ってみるほうがずっと楽しいツールです。以下の練習問題を解けば、tox を使うのがいかに簡単であるかを実感できるでしょう。`code/exercises/ch11` ディレクトリには、小さなお試しプロジェクトと、Python 3.10 を使ってテストを実行するように設定された `tox.ini` ファイルが含まれています。このプロジェクトを使って以下の練習問題を解いてください。

1. `code/exercises/ch11` ディレクトリに移動して tox をインストールしてください。
2. 現在の設定で tox を実行してください。
3. Python 3.9 でもテストを実行するように `envlist` を変更してください。
4. `commands` を変更してカバレッジレポートを追加してください。また、カバレッジが 100%であることを確認するようにしてください。`pytest-cov` を `deps` に追加するのを忘れないでください。
5. pytest コマンドの最後に `{posargs}` を追加してください。`tox -e py310 -- -v` を実行してテストの名前を確認してください。
6. ボーナス問題：このプロジェクト、または他の Python プロジェクトのリポジトリで tox を実行するために GitHub Actions を設定してください。

11.13 次のステップ

本書では主に Cards アプリケーションをテストしてきました。Cards は `pip` でインストールできる Python パッケージです。しかし、単純なシングルファイルスクリプトや、`pip` 以外の方法でインストールされる大規模なアプリケーションなど、Python プロジェクトの多くは `pip` でインストールされません。

`pip` でインストールできない Python コードをテストするときの注意点がいくつかあります。たとえば、テストファイルで別のモジュールをインポートするには、そのモジュールが Python の検索パスに含まれている必要があります。そして、`pip install` を使わないということは、アプリケーションコードが検索パスに含まれるようにするための何か別の手段が必要だということです。次章では、これらの問題を取り上げ、その解決策を調べることにします。

CHAPTER 12

スクリプトとアプリケーションのテスト

Cards アプリケーションはインストール可能な Python パッケージであり、`pip install` でインストールできます。インストールが完了した後は、テストコードに `import cards` を追加するとアプリケーションの機能にアクセスできるようになり、そのようにしてテストを実行できます。ただし、Python コードならすべて `pip` でインストールできるかというと、そうはいきません。それでも、テストを実行しないわけにはいきません。

本章では、`pip` でインストールできないスクリプトやアプリケーションをテストするための手法を調べます。用語を明確にするために、本章では次の定義を使うことにします。

- **スクリプト**
  Python コードを含んでいる単一のファイルであり、`python my_script.py` のように、Python から直接実行することを想定しています。
- **インポート可能なスクリプト**
  インポートした時点ではコードが実行されないスクリプト。コードが実行されるのは直接呼び出したときだけです。
- **アプリケーション**
  外部の依存関係が `requirements.txt` ファイルで定義されているパッケージまたはスクリプト。Cards プロジェクトもアプリケーションですが、`pip` でインストールされます。Cards プロジェクトの場合、外部の依存関係は `pyproject.toml` ファイルで定義されており、`pip install` の実行時に取り込まれます。本章では、`pip` を使えない、または使わないことを選択したアプリケーションに着目します。

最初はスクリプトのテストから見ていきます。続いて、そのスクリプトを書き換えて、テストのためにインポートできるようにします。さらに、外部の依存関係を追加して、アプリケーションのテストに進みます。

スクリプトやアプリケーションをテストするときには、よく次のような疑問が浮かびます。

- テストからスクリプトをどうやって実行するのか

- スクリプトの出力をどうやって取得するのか
- ソースモジュールまたはパッケージをテストにインポートしたいが、テストとコードが別々のディレクトリに分かれている場合はどうやってインポートするのか
- ビルドするパッケージがない場合はどうやって tox を使うのか
- `requirements.txt` ファイルに定義されている外部の依存関係を tox にどうやって取り込ませるのか

本章では、これらの疑問に答えることにします。

仮想環境を使うことをお忘れなく

本章を読みながら実際に試してみる場合は、本書のここまでの部分で使ってきた仮想環境をそのまま使ってもよいですし、新しい仮想環境を作成してもよいでしょう。復習として、仮想環境の作成方法をもう一度確認してください。

```
$ cd <code/ch12 へのパス>
$ python3 -m venv venv
$ source venv/bin/activate
(venv) $ pip install -U pip
(venv) $ pip install pytest
(venv) $ pip install tox
```

12.1 単純な Python スクリプトをテストする

サンプルコードの原点と言えば、**Hello World!**です。

リスト12-1：ch12/script/hello.py

```
print("Hello, World!")
```

このスクリプトを実行すると、予想どおりの出力が生成されます。

```
$ cd <code/ch12/script へのパス>
$ python hello.py
Hello, World!
```

他のソフトウェアをテストするときと同様に、スクリプトのテストでも、スクリプトを実行してその出力、副作用、またはその両方を確認します。

`hello.py` スクリプトでは、次の 2 つの方法を突き止めることが課題となります。

1. テストからスクリプトを実行する方法
2. スクリプトの出力を取得する方法

Python の標準ライブラリの一部である `subprocess` モジュール[1] には、この 2 つの問題を解決する `run()` という関数が定義されています。

リスト12-2：ch12/script/test_hello.py

```
from subprocess import run

def test_hello():
    result = run(["python", "hello.py"], capture_output=True, text=True)
    output = result.stdout
    assert output == "Hello, World!\n"
```

このテストでは、サブプロセスを開始して、取得した出力を`"Hello, World!\n"`と比較します。`print()` が出力に自動的に追加する改行も比較の対象となります。さっそく試してみましょう。

```
$ pytest -v test_hello.py
========================= test session starts ==========================
collected 1 item

test_hello.py::test_hello PASSED                                  [100%]

========================== 1 passed in 0.03s ===========================
```

それほど悪くないですね。では、tox で試してみましょう。

普通っぽい `tox.ini` ファイルだとあまりうまくいきそうにありませんが、とりあえず試してみましょう。

リスト12-3：ch12/script/tox_bad.ini

```
[tox]
envlist = py39, py310

[testenv]
deps = pytest
commands = pytest

[pytest]
```

1 https://docs.python.org/3/library/subprocess.html#subprocess.run

このファイルを実行すると、何が問題なのかが具体的に示されます。

```
$ tox -e py310 -c tox_bad.ini
ERROR: No pyproject.toml or setup.py file found. The expected locations are:
  <code/ch12/script へのパス>/pyproject.toml or
  <code/ch12/script へのパス>/setup.py
You can
  1. Create one:
    https://tox.readthedocs.io/en/latest/example/package.html
  2. Configure tox to avoid running sdist:
    https://tox.readthedocs.io/en/latest/example/general.html
  3. Configure tox to use an isolated_build
```

問題は、このプロセスの最初の部分でtoxが何かをビルドしようとすることです。toxに何かをビルドしようとするのをやめさせる必要があります。そこで、`skipsdist = true`を使います。

リスト12-4：ch12/script/tox.ini

```
[tox]
envlist = py39, py310
skipsdist = true            ←

[testenv]
deps = pytest
commands = pytest

[pytest]
```

これでうまくいくはずです。

```
$ tox
......
py39 run-test: commands[0] | pytest
========================= test session starts ==========================
collected 1 item

test_hello.py .                                                  [100%]

========================== 1 passed in 0.04s ===========================
......
py310 run-test: commands[0] | pytest
========================= test session starts ==========================
collected 1 item

test_hello.py .                                                  [100%]
```

```
========================== 1 passed in 0.04s ===========================
------------------------------------------ summary ------------------------------------------
  py39: commands succeeded
  py310: commands succeeded
  congratulations :)
```

うまくいきました。pytest と tox を使ってスクリプトをテストし、subprocess.run() を使ってスクリプトを実行し、その出力を取得しました。

小さなスクリプトのテストなら subprocess.run() でうまくいきますが、この方法に欠点があることはたしかです。もっと大きなスクリプトでは、セクションごとにテストしたいことがあります。その場合は、機能を関数に分割する必要があります。また、テストコードとスクリプトを別々のディレクトリに分けたいこともあります。subprocess.run() の呼び出しは hello.py が同じディレクトリにあることを想定しているため、そのままのコードではこれも簡単にはいきません。これらの問題を解決するには、コードにいくつか変更を加える必要があります。

12.2 インポート可能な Python スクリプトをテストする

スクリプトのコードをほんのちょっと変更するだけで、スクリプトがインポート可能になり、テストとコードを別々のディレクトリに配置できるようになります。まず、スクリプトのロジックがすべて関数の中に含まれている状態にします。hello.py のワークロードを main() 関数に移動してみましょう。

リスト12-5：ch12/script_importable/hello.py

```
def main():
    print("Hello, World!")

if __name__ == "__main__":
    main()
```

if __name__ == '__main__' ブロックの中で main() を呼び出していることがわかります。python hello.py でスクリプトを実行すると、main() のコードが呼び出されます。

```
$ cd <code/ch12/script_importable へのパス>
$ python hello.py
Hello, World!
```

main() のコードは、インポートしただけでは実行されません。main() を明示的に呼び出す必要があります。

```
$ python
>>> import hello
>>> hello.main()
Hello, World!
```

このように、main() を他の関数と同じように呼び出すことができます。変更後のテストでは、第 4 章の 4.2 節で取り上げた capsys を使います。

リスト12-6：ch12/script_importable/test_hello.py

```
import hello

def test_main(capsys):
    hello.main()
    output = capsys.readouterr().out
    assert output == "Hello, World!\n"
```

これで、main() をテストできるだけではなく、スクリプトが大きくなったらコードを複数の関数に分けることもできます。そして、それらの関数を別々にテストできます。**Hello, World!**を分割するなんて少しばかげていますが、おもしろそうなので試してみましょう。

リスト12-7：ch12/script_funcs/hello.py

```
def full_output():
    return "Hello, World!"

def main():
    print(full_output())

if __name__ == "__main__":
    main()
```

リスト 12-7 では、出力の内容を full_output() に配置し、実際に書き出す部分を main() に配置しています。これで、これらの関数を別々にテストできます。

リスト12-8：ch12/script_funcs/test_hello.py

```
import hello

def test_full_output():
    assert hello.full_output() == "Hello, World!"

def test_main(capsys):
    hello.main()
    output = capsys.readouterr().out
```

```
    assert output == "Hello, World!\n"
```

いいですね。かなり大きなスクリプトでも、この方法で無理なくテストできます。次は、テストとスクリプトを別々のディレクトリに移動する方法を見てみましょう。

12.3 コードを src ディレクトリと tests ディレクトリに分割する

大量のスクリプトとそれらのスクリプトに対する大量のテストがあり、ディレクトリが少し散らかってきたとしましょう。そこで、スクリプトを `src` ディレクトリに移動し、テストを `tests` ディレクトリに移動することにします。

```
script_src
├── src
│    └── hello.py
├── tests
│    └── test_hello.py
└── pytest.ini
```

他に何も変更しない場合、pytest はあえなく失敗します。

```
$ cd <code/ch12/script_src へのパス>
$ pytest --tb=short -c pytest_bad.ini
======================== test session starts =========================
collected 0 items / 1 error

================================ ERRORS ================================
_______________ ERROR collecting tests/test_hello.py _______________
ImportError while importing test module
    '<code/ch12/script_src/tests へのパス>/test_hello.py'.
......
tests/test_hello.py:1: in <module>
    import hello
E   ModuleNotFoundError: No module named 'hello'
====================== short test summary info =======================
ERROR tests/test_hello.py
!!!!!!!!!!!!!!!! Interrupted: 1 error during collection !!!!!!!!!!!!!!!
========================== 1 error in 0.08s ==========================
```

`hello` が `src` ディレクトリにあるだなんて、テスト（そして pytest）には知る由もありません。ソースコードまたはテストコードに含まれている `import` 文はすべて Python の標準のインポートプロセスを使うため、Python モジュールの検索パスに含まれているディレクトリを調べます。Python は、この検索パスのリストを sys.path 変数[2] で管理しています。そこで、pytest は実行するテストのディレクトリを追加するために、このリストを少し変更します。

ここで必要なのは、インポートしたいソースコードのディレクトリを sys.path 変数に追加することです。pytest には、この作業を手助けする pythonpath というオプションがあります。このオプションは pytest 7 で導入されたものです。pytest 6.2.x を使う必要がある場合は、pytest-srcpaths プラグイン[3] を使って、このオプションを pytest 6.2.x に追加することができます。

まず、pytest.ini ファイルを書き換えて、pythonpath の値を src にする必要があります。

リスト12-9：ch12/script_src/pytest.ini

```
[pytest]
addopts = -ra
testpaths = tests
pythonpath = src              ←
```

これで pytest が問題なく実行されるようになります。

```
$ pytest tests/test_hello.py
======================== test session starts ==========================
collected 2 items

tests/test_hello.py ..                                          [100%]

========================= 2 passed in 0.01s ===========================
```

これはこれでよいのですが、初めて sys.path を目にした人には得体の知れない変数に映るかもしれません。もう少し詳しく見てみましょう。

12.4 Python の検索パスを定義する

Python の検索パスは、Python が sys.path 変数に格納するディレクトリのリストにすぎません。Python は import 文を実行するときに、要求されたインポートと一致するモジュールまたはパッケージをそのリストで探します。簡単なテストを使って、sys.path 変数の内容がテストの実行中はどんな感じになるのか調べてみましょう。

2 https://docs.python.org/3/library/sys.html#sys.path

3 https://pypi.org/project/pytest-srcpaths

リスト12-10：ch12/script_src/tests/test_sys_path.py

```
import sys

def test_sys_path():
    print("sys.path: ")
    for p in sys.path:
        print(p)
```

このテストを実行すると、検索パスが出力されます。

```
$ pytest -s tests/test_sys_path.py
========================= test session starts ==========================
collected 1 item

tests/test_sys_path.py sys.path:
<code/ch12/script_src へのパス>/tests
<code/ch12/script_src へのパス>/src
......
<code/ch12/venv/lib/python3.x へのパス>/site-packages
.

========================== 1 passed in 0.00s ===========================
```

最後のパスである site-packages は理解できます。このパスには pip を使ってインストールしたパッケージが含まれています。script_src/tests パスには、テストが配置されています。tests ディレクトリは、テストモジュールをインポートできるようにするために pytest が追加したものです。テストでヘルパーモジュールを使っている場合は、それらのモジュールをテストと同じディレクトリに配置すると、pytest が追加する tests ディレクトリをうまく利用できます。script_src/src パスは pythonpath=src 設定によって追加されたパスであり、pytest.ini ファイルが格納されているディレクトリからの相対パスです。

12.5 requirements.txt ベースのアプリケーションをテストする

スクリプトやアプリケーションは**依存関係**を持つことがあります。依存関係とは、スクリプトやアプリケーションを実行する前にインストールされていなければならない他のパッケージ化されたプロジェクトのことです。Cards のようなパッケージ化されたプロジェクトでは、依存関係のリストは pyproject.toml、setup.py、setup.cfg のいずれかのファイルで定義されています。ちなみに、Cards プロジェクトは pyproject.toml を使っています。しかし、多くのプロジェクトはパッケージ化されておらず、依存関係を requirements.txt ファイルで定義しています。

requirements.txt ファイルに定義される依存関係のリストは、リスト 12-11 のような大まかなリストかもしれません。

リスト12-11：ch12/sample_requirements.txt

```
typer
requests
```

ただし、アプリケーションでは、依存関係を「ピン留めする」ほうが一般的です。要するに、うまくいくことがわかっているバージョンを具体的に定義するのです。

リスト12-12：ch12/sample_pinned_requirements.txt

```
typer==0.3.2
requests==2.26.0
```

requirements.txt ファイルは実行環境を pip install -r で再構築するために使われます。-r フラグを指定すると、requirements.txt ファイルに定義されているものをすべて pip が読み取ってインストールします。

したがって、妥当な手順は次のようなものになるでしょう。

1. git clone <プロジェクトのリポジトリ>などを実行してコードを入手する。
2. python3 -m venv venv を実行して仮想環境を作成する。
3. 仮想環境を起動する。
4. pip install -r requirements.txt を実行して依存パッケージをインストールする。
5. アプリケーションを実行する。

数あるプロジェクトの多くはパッケージ化するほうが合理的です。しかし、Django[4] などの Web フレームワークや Docker[5] などの高レベルのパッケージ化を使うプロジェクトでは、この手順がよく使われています。そのようなケースでは、requirements.txt ファイルを使うのが一般的であり、それでうまくいきます。

この状況を実際に調べてみるために、hello.py に依存関係を追加してみましょう。ここでは、特定の名前が含まれたあいさつ文を表示するために Typer[6] を使うことにします。

4 https://www.djangoproject.com/

5 https://www.docker.com/

6 https://typer.tiangolo.com/

まず、requirements.txt ファイルに typer を追加します。

リスト12-13：ch12/app/requirements.txt

```
typer==0.3.2
```

Typer のバージョンを 0.3.2 にピン留めしていることもわかります。新しい依存パッケージは次のコマンドでインストールできます。

```
$ pip install typer==0.3.2
```

または、

```
$ pip install -r requirements.txt
```

コードも変更しておきましょう。

リスト12-14：ch12/app/src/hello.py

```
import typer
from typing import Optional

def full_output(name: str):
    return f"Hello, {name}!"

app = typer.Typer()

@app.command()
def main(name: Optional[str] = typer.Argument("World")):
    print(full_output(name))

if __name__ == "__main__":
    app()
```

Typer は CLI アプリケーションに渡されるオプションや引数の型を指定するために型ヒント[7] を使います（これにはオプション引数も含まれます）。リスト 12–14 では、このアプリケーションが引数として name を受け取ること、この引数を文字列として扱うこと、そして name はオプション引数なので指定されなかった場合は"World"を使うことを Python と Typer に伝えています。

健全性チェックとしてちょっと試してみましょう。

[7] https://docs.python.org/3/library/typing.html

```
$ cd <code/ch12/app/src へのパス>
$ python hello.py
Hello, World!
$ python hello.py Brian
Hello, Brian!
```

いいですね。次に、name を指定してもしなくても hello.py がうまくいくことを確認するために、テストを修正する必要があります。

リスト12-15：ch12/app/tests/test_hello.py

```
import hello
from typer.testing import CliRunner

def test_full_output():
    assert hello.full_output("Foo") == "Hello, Foo!"

runner = CliRunner()

def test_hello_app_no_name():
    result = runner.invoke(hello.app)
    assert result.stdout == "Hello, World!\n"

def test_hello_app_with_name():
    result = runner.invoke(hello.app, ["Brian"])
    assert result.stdout == "Hello, Brian!\n"
```

main() を直接呼び出すのではなく、Typer に組み込まれている CliRunner() を使ってアプリケーションをテストしています。

最初は pytest で実行し、続いて tox で実行してみましょう。

```
$ cd <code/ch12/app へのパス>
$ pytest -v
======================== test session starts =========================
collected 3 items

tests/test_hello.py::test_full_output PASSED                    [ 33%]
tests/test_hello.py::test_hello_app_no_name PASSED              [ 66%]
tests/test_hello.py::test_hello_app_with_name PASSED            [100%]

========================= 3 passed in 0.02s ==========================
```

pytest はうまくいきました。次は tox です。依存関係があるため、それらの依存パッケージが tox 環境に確実にインストールされている必要があります。そこで、tox.ini ファイルの deps 設定に-rrequirements.txt を追加します。

リスト12-16：ch12/app/tox.ini

```
[tox]
envlist = py39, py310
skipsdist = true

[testenv]
deps = pytest
       pytest-srcpaths
       -rrequirements.txt          ←
commands = pytest

[pytest]
addopts = -ra
testpaths = tests
pythonpath = src
```

簡単でしたね。さっそく試してみましょう。

```
$ tox
py39 installed: ..., pytest==x.y.z,...,typer==0.3.2
......
======================== test session starts =========================
collected 3 items

tests/test_hello.py ...                                         [100%]

========================= 3 passed in 0.03s ==========================
py310 installed: ..., pytest==x.y.z,...,typer==0.3.2
......
======================== test session starts =========================
collected 3 items

tests/test_hello.py ...                                         [100%]

========================= 3 passed in 0.02s ==========================
_____________________________ summary ________________________________
  py39: commands succeeded
  py310: commands succeeded
  congratulations :)
```

外部の依存関係が requirements.txt ファイルに定義されたアプリケーションはこれで完成です。ソースコードが保存されている場所は pythonpath を使って指定しています。また、それらの依存パッケージを tox 環境にインストールするために、tox.ini ファイルに-rrequirements.txt を追加しました。そして、テストは pytest でも tox でもうまくいきました。大成功です!

12.6 ここまでの復習

本章では、pytest と tox を使ってスクリプトとアプリケーションをテストする方法を確認しました。ここでの**スクリプト**は、`python my_script.py` のように直接実行する Python ファイルを意味します。**アプリケーション**は、`requirements.txt` ファイルに定義された依存パッケージのインストールを要求する Python スクリプトやもっと大きなアプリケーションを意味します。

さらに、スクリプトやアプリケーションをテストするためのさまざまな手法も学びました。

- `subprocess.run()` を使ってスクリプトを実行し、出力を読み取る。
- `main()` を含め、スクリプトコードを関数としてリファクタリングする。
- `if __name__ == "__main__"`ブロックから `main()` を呼び出す。
- `capsys` を使って出力を取得する。
- `pythonpath` を使ってテストを `tests` ディレクトリに移動し、ソースコードを `src` ディレクトリに移動する。
- 依存関係を持つアプリケーションでは、`tox.ini` ファイルで `requirements.txt` を指定する。

12.7 練習問題

スクリプトのテストはなかなか楽しいものです。ここまでの手順をもう 1 つのスクリプトで復習すれば、本章で説明した手法を覚えるのに役立つでしょう。

以下の練習問題では、`sums.py` というサンプルスクリプトを使います。このスクリプトは `data.txt` という別のファイルに含まれている数字を合計します。

`sums.py` ファイルにはリスト 12-17 のコードが含まれています。

リスト12-17：exercises/ch12/sums.py

```
# sums.py
# add the numbers in ‘data.txt‘

sum = 0.0

with open("data.txt", "r") as file:
    for line in file:
        number = float(line)
        sum += number
```

```
print(f"{sum:.2f}")
```

data.txt ファイルはリスト 12-18 のように定義されています。

リスト12-18：exercises/ch12/data.txt

```
123.45
 76.55
```

このスクリプトを実行すると、200.00 が出力されます。

```
$ cd <code/exercises/ch12 へのパス>
$ python sums.py data.txt
200.00
```

data.txt ファイルの数字が有効であるという仮定の下で、このスクリプトをテストする必要があります。

1. subprocess.run() を使って sums.py を data.txt で実行するテストを書いてください。
2. sums.py を書き換えて、テストモジュールでインポートできるようにしてください。
3. sums をインポートし、capsys を使って実行する新しいテストを書いてください。
4. 少なくとも Python の 1 つのバージョンでテストを実行するように tox を設定してください。
5. ボーナス問題：テストを tests ディレクトリに移動し、ソースを src ディレクトリに移動してください。テストを成功させるために必要な変更を行ってください。
6. ボーナス問題：ファイル名を渡せるようにスクリプトを書き換え、コードを python sums.py data.txt として実行してください。また、複数のファイルで使えるようにしてください。
    - あなたならどのようなテストケースを追加しますか。

12.8 次のステップ

テストの作成と実行において大きな割合を占めるのは、テストが失敗したらどうするかです。本書では、この点についてはあまり説明してきませんでした。1 つ以上のテストが失敗する場合は、その理由を突き止める必要があります。テストまたはテストしているコードのどちらかに問題があります。どちらに問題があるにせよ、その原因を突き止めるプロセスを**デバッグ**と呼びます。次章では、デバッグに役立つ pytest のさまざまなフラグや機能を調べることにします。

CHAPTER 13

テストの失敗をデバッグする

テストは失敗するもので、まったく失敗しないのなら、テストを行う意味はあまりないでしょう。重要なのは、テストが失敗したらどうするかです。テストが失敗したら、その理由を突き止める必要があります。問題はテストにあるのかもしれませんし、アプリケーションにあるのかもしれません。問題がどこにあるのか、その問題に対して何をすべきかを判断するプロセスは似ています。

統合開発環境（IDE）と多くのテキストエディタには、グラフィカルなデバッガが直接組み込まれています。これらのツールがあると、ブレークポイントの追加、コードのステップ実行、変数の値の確認などが可能になるため、デバッグ時にすごく助かります。一方で、pytest にもさまざまなツールが用意されており、デバッガに手を出すことなく、問題をよりすばやく解決するのに役立つことがあります。また、リモートシステム上のコードのデバッグや 1 つの tox 環境のデバッグのように、IDE を使うのが難しい状況もあります。Python には、pdb というソースコードデバッガが組み込まれており、pdb でのデバッグをすばやく簡単に行うのに役立つさまざまなフラグが用意されています。

本章では、pytest のフラグと pdb に助けてもらいながら、失敗するコードをデバッグすることにします。あなたはバグをすぐに突き止めるかもしれません（すばらしい）。実を言うと、このバグはデバッグフラグや pytest と pdb の統合について説明するためのいわば口実にすぎません。

デバッグするには失敗するテストが必要です。そこで、Cards プロジェクトを再び（今回は開発者モードで）使って、機能とテストを追加することにします。

13.1 Cards プロジェクトに新しい機能を追加する

Cards アプリケーションを少し前から使っていて、すでに完了しているタスクがいくつかあるとしましょう。

```
$ cards list

  ID   state   owner   summary
 ──────────────────────────────────────────
  1    done            some task
```

```
  2    todo              another
  3    done              a third
```

私たちは週の終わりに完了したタスクをすべて表示したいと考えています。cards list コマンドにはフィルタ機能があるため、この目的はすでに達成できる状態です。

```
$ cards list --help
Usage: cards list [OPTIONS]

  List cards in db.

Options:
  -o, --owner TEXT
  -s, --state TEXT
  --help            Show this message and exit.

$ cards list --state done

  ID   state   owner   summary
 ────────────────────────────────────────────
  1    done            some task
  3    done            a third
```

これでうまくいきます。それはそれとして、このフィルタリングを行う cards done コマンドを追加することにしましょう。まず、CLI コマンドが必要です。

リスト13-1：ch13/cards_proj/src/cards/cli.py

```
@app.command("done")
def list_done_cards():
    """
    List 'done' cards in db.
    """
    with cards_db() as db:
        the_cards = db.list_done_cards()
        print_cards_list(the_cards)
```

このコマンドは API メソッド list_done_cards() を呼び出し、その結果を出力します。list_done_cards() では、state="done"を指定した上で list_cards() を呼び出せばよいだけです。

リスト13-2：ch13/cards_proj/src/cards/api.py

```
def list_done_cards(self):
    """Return the 'done' cards."""
    done_cards = self.list_cards(state="done")
```

では、API と CLI のテストを追加してみましょう。まず、API のテストを追加します。

リスト13-3：ch13/cards_proj/tests/api/test_list_done.py

```
import pytest

@pytest.mark.num_cards(10)

def test_list_done(cards_db):
    cards_db.finish(3)
    cards_db.finish(5)

    the_list = cards_db.list_done_cards()

    assert len(the_list) == 2
    for card in the_list:
        assert card.id in (3, 5)
        assert card.state == "done"
```

このテストでは、10 枚のカードからなるリストを作成し、そのうち 2 枚のカードの状態を"done"にしています。list_done_cards() の結果は正しい ID が指定された 2 枚のカードからなるリストになるはずであり、それぞれのカードの状態は"done"に設定されているはずです。カードの内容は@pytest.mark.num_cards(10) を使って Faker に生成させます。

今度は、CLI のテストを追加してみましょう。

リスト13-4：ch13/cards_proj/tests/cli/test_done.py

```
import cards

expected = """\

  ID   state   owner   summary
 ────────────────────────────────────────────
  1    done            some task
  3    done            a third"""

def test_done(cards_db, cards_cli):
    cards_db.add_card(cards.Card("some task", state="done"))
    cards_db.add_card(cards.Card("another"))
    cards_db.add_card(cards.Card("a third", state="done"))
    output = cards_cli("done")
    assert output == expected
```

CLI のテストでは、どのような結果になるはずなのかが正確にわかっていなければならないため、Faker のデータを使うわけにはいきません。そこで代わりに、何枚かのカードを設定し、そのうち 2 枚のカードの状態を"done"に設定しています。

以前にCardsアプリケーションをテストしたときと同じ仮想環境でこれらのテストを実行すると、うまくいかないことがわかります。Cardsアプリケーションの新しいバージョンをインストールする必要があります。ここではCardsアプリケーションのソースコードを編集するため、編集可能モードでインストールする必要があります。では、`cards_proj`を新しい仮想環境にインストールしてみましょう。

13.2 Cardsプロジェクトを編集可能モードでインストールする

ソースコードとテストコードの両方を開発するときには、ソースコードを変更した後、すぐにテストを実行できると非常に便利です。つまり、パッケージをビルドし直して仮想環境に再びインストールする必要がなくなるわけです。このようなことを可能にするためにまさに必要なのが、ソースコードを編集可能モードでインストールすることです。この機能は`pip`に組み込まれています[1]。

新しい仮想環境を起動してみましょう。

```
$ cd <code/ch13へのパス>
$ python3 -m venv venv
$ source venv/bin/activate
(venv) $ pip install -U pip
......
Successfully installed pip-22.0.x
```

この新しい仮想環境で、`./cards_proj`ディレクトリを編集可能なローカルパッケージとしてインストールする必要があります。編集モードでのインストールには`pip`の21.3.1以降のバージョンが必要なので、使っているバージョンが21.3以前の場合は`pip`をアップグレードしてください。

編集可能なパッケージのインストールは簡単で、`pip install -e ./<パッケージディレクトリ名>`を実行するだけです。`pip install -e ./cards_proj`を実行すると、Cardsプロジェクトが編集可能モードでインストールされます。ただし、pytestやtoxといった必要な開発ツールもすべてインストールする必要があります。

オプションとして依存関係を指定すれば、Cardsプロジェクトを編集可能モードでインストールし、さらにテストツールもすべてまとめてインストールすることができます。

1 **監注**：第15章で紹介するFlitにも、同様の機能がある。

```
$ pip install -e "./cards_proj/[test]"
```

この方法がうまくいくのは、これらの依存関係がすべて pyproject.toml ファイルの optional-dependencies セクションで定義されているためです。

リスト13-5：ch13/cards_proj/pyproject.toml

```
[project.optional-dependencies]
test = [
    "pytest",
    "faker",
    "tox",
    "coverage",
    "pytest-cov",
]
```

では、テストを実行してみましょう。ここでは--tb=no を使ってトレースバックを無効にしています。

```
$ cd <code/ch13/cards_proj へのパス>
$ pytest --tb=no
======================== test session starts =========================
collected 53 items

tests/api/test_add.py .....                                    [  9%]
......
tests/api/test_list_done.py .F                                 [ 49%]
......
tests/cli/test_done.py .F                                      [ 79%]
......
tests/cli/test_version.py .                                    [100%]

======================= short test summary info ======================
FAILED tests/api/test_list_done.py::test_list_done - TypeError: objec...
FAILED tests/cli/test_done.py::test_done - AssertionError: assert '' ...
===================== 2 failed, 51 passed in 0.33s ===================
```

上出来です。テストが 2 つ失敗していますが、わざと失敗させています。これで、デバッグについて調べる準備ができました。

13.3 pytestのフラグを使ってデバッグする

pytestには、デバッグに役立つコマンドラインフラグがひととおり揃っています。ここでは、テストの失敗をデバッグするために、これらのフラグをいくつか使ってみることにします。

次に示すのは、どのテストをどの順序で実行するのか、どのタイミングで中止するのかを選択するためのフラグです。

- **`--lf / --last-failed`**
  前回失敗したテストだけを実行します。
- **`--ff / --failed-first`**
  すべてのテストを実行しますが、前回失敗したものから実行します。
- **`-x / --exitfirst`**
  テストが最初に失敗した時点でテストセッションを中止します。
- **`--maxfail=num`**
  `num`個のテストが失敗した時点でテストセッションを中止します。
- **`--nf / --new-first`**
  すべてのテストをファイルの更新時間が新しいものから順に実行します。
- **`--sw / --stepwise`**
  テストが最初に失敗した時点でテストセッションを中止します。次回は前回失敗したテストから開始します。
- **`--sw-skip / --stepwise-skip`**
  `--sw`と同じですが、最初の失敗をスキップします。

pytestの出力を制御するフラグは次のとおりです。

- **`-v / --verbose`**
  すべてのテストの名前とテストが成功したかどうかを表示します。
- **`--tb=[auto/long/short/line/native/no]`**
  トレースバックのスタイルを制御します。
- **`-l / --showlocals`**
  トレースバックでローカル変数を表示します。

コマンドラインデバッガを開始するためのフラグは次のとおりです。

- **--pdb**
  テストが失敗した時点で対話型のテストセッションを開始します。
- **--trace**
  各テストの実行が始まったらすぐに pdb ソースコードデバッガを起動します。
- **--pdbcls**
  `--pdbcls=IPython.terminal.debugger:TerminalPdb` を使って IPython のデバッガを指定するなど、pdb とは別のデバッガを使います。

これらの説明に含まれている「失敗」は、アサーションの失敗に加え、ソースコード、テストコード、フィクスチャで発生し補足されなかった例外を意味します。

13.4 失敗したテストを再び実行する

デバッグを開始する前に、まずテストをもう一度実行しても失敗することを確認しておきましょう。`--lf` フラグを使って、失敗したテストだけを再び実行します。トレースバックはまだ必要ないので、`--tb=no` フラグを使って非表示にしておきます。

```
$ pytest --lf --tb=no
========================= test session starts ==========================
collected 27 items / 25 deselected / 2 selected
run-last-failure: re-run previous 2 failures (skipped 13 files)

tests/api/test_list_done.py F                                     [ 50%]
tests/cli/test_done.py F                                          [100%]

======================= short test summary info ========================
FAILED tests/api/test_list_done.py::test_list_done - TypeError: objec...
FAILED tests/cli/test_done.py::test_done - AssertionError: assert '' ...
=================== 2 failed, 25 deselected in 0.10s ===================
```

いいですね。この失敗を再現できることがわかりました。1 つ目の失敗からデバッグすることにします。

1 つ目の失敗するテストだけを実行し、テストが失敗した時点で実行を中止して、トレースバックを調べてみましょう。

```
$ pytest --lf -x
========================= test session starts ==========================
collected 27 items / 25 deselected / 2 selected
run-last-failure: re-run previous 2 failures (skipped 13 files)
```

```
tests/api/test_list_done.py F

================================ FAILURES ================================
___________________________________ test_list_done ___________________________________

cards_db = <cards.api.CardsDB object at 0x7fabab5288b0>

    @pytest.mark.num_cards(10)
    def test_list_done(cards_db):
        cards_db.finish(3)
        cards_db.finish(5)

        the_list = cards_db.list_done_cards()

>       assert len(the_list) == 2
E       TypeError: object of type 'NoneType' has no len()     ←

tests/api/test_list_done.py:11: TypeError
======================= short test summary info ========================
FAILED tests/api/test_list_done.py::test_list_done - TypeError: objec...
!!!!!!!!!!!!!!!!!!!!!! stopping after 1 failures !!!!!!!!!!!!!!!!!!!!!!!
=================== 1 failed, 25 deselected in 0.18s ===================
```

TypeError: object of type 'NoneType' has no len() エラーは、the_list が None であることを示しています。困りましたね。the_list は Card オブジェクトのリストになるはずなのに。"done"のカードがなかったとしても、None ではなく空のリストになるはずです。実際には、"done"のカードがなくてもすべてうまくいくことを確認するテストを追加するのがおそらく妥当でしょう。ここでは、現在の問題に焦点を合わせた上でデバッグに戻ることにします。

この問題を理解していることを確認するために、念のために同じテストを-l / --showlocals でもう一度実行してみましょう。この場合も完全なトレースバックは必要ないので、--tb=short を使ってトレースバックを短くします。

```
$ pytest --lf -x -l --tb=short
======================== test session starts =========================
collected 27 items / 25 deselected / 2 selected
run-last-failure: re-run previous 2 failures (skipped 13 files)

tests/api/test_list_done.py F

================================ FAILURES ================================
___________________________________ test_list_done ___________________________________
tests/api/test_list_done.py:11: in test_list_done
    assert len(the_list) == 2
```

```
E   TypeError: object of type 'NoneType' has no len()
        cards_db    = <cards.api.CardsDB object at 0x7f884a4e8850>
        the_list    = None              ←
====================== short test summary info =========================
FAILED tests/api/test_list_done.py::test_list_done - TypeError: objec...
!!!!!!!!!!!!!!!!!!!!!! stopping after 1 failures !!!!!!!!!!!!!!!!!!!!!!!
================== 1 failed, 25 deselected in 0.18s ===================
```

やはり `the_list = None` ですね。多くの場合、`-l` / `--showlocals` は非常に頼りになるフラグであり、テストの失敗を完全にデバッグするのにそれだけで十分なこともあります。さらに、テストでさまざまな中間変数を使うように筆者が鍛えられたのは、このフラグの存在があったからです。これらのフラグはテストが失敗したときに重宝します。

この状況では、`list_done_cards()` が `None` を返していることがわかります。しかし、その理由はわかりません。pdb を使って、テストの実行中に `list_done_cards()` の内部をデバッグしてみましょう。

13.5 pdb を使ってデバッグする

pdb (Python debugger) [2] は Python の標準ライブラリの一部であるため、このデバッガを使うために何かをインストールする必要はありません。pdb を起動して、その最も便利なコマンドを調べることにします。

pdb を pytest から起動する方法は何種類かあります。

- `breakpoint()` の呼び出しをテストコードかアプリケーションコードに追加する。pytest の実行が `breakpoint()` の呼び出しに到達すると、そこで実行が中止され、pdb が起動する。
- `--pdb` フラグを使う。このフラグを指定すると、pytest はテストが失敗した時点で実行を中止する。この例では、`assert len(the_list) == 2` の行で実行を中止する。
- `--trace` フラグを使う。このフラグを指定すると、pytest は各テストの初めに実行を中止する。

この場合にぴったりなのは、`--lf` フラグと`--trace` フラグの組み合わせです。これらの組み合わせを指定すると、pytest が失敗したテストを再び実行し、`test_list_done()` の初め（`list_done_cards()` を呼び出す前）の部分で実行を中止します。

[2] https://docs.python.org/3/library/pdb.html

```
$ pytest --lf --trace
======================== test session starts ==========================
collected 27 items / 25 deselected / 2 selected
run-last-failure: re-run previous 2 failures (skipped 13 files)

tests/api/test_list_done.py
>>>>>>>>>>>>>>>>> PDB runcall (IO-capturing turned off) >>>>>>>>>>>>>>>>>>
> <code/ch13/cards_proj/tests/api へのパス>/test_list_done.py(6)test_list_done()
-> cards_db.finish(3)
(Pdb)
```

pdb が認識する一般的なコマンドは次のとおりです。コマンドの完全なリストについては、pdb のドキュメント[3] を参照してください。

- **メタコマンド**
  - `h(elp)`：コマンドのリストを出力する。
  - `h(elp) <command>`：コマンド（`<command>`）に関するヘルプを出力する。
  - `q(uit)`：pdb を終了する。
- **現在の位置を確認するコマンド**
  - `l(ist)`：現在の行の前後 11 行を表示する。もう一度使うと次の 11 行を表示する、といった具合になる。
  - `l(ist).`：上と同じコマンドにドット（`.`）を追加したもの。現在の行の前後 11 行を表示する。`l(list)` を何回か使っていて、現在の位置がわからなくなった場合に役立つ。
  - `l(ist) <first>, <last>`：指定された範囲の行を表示する。
  - `ll`：現在の関数のソースコードをすべて表示する。
  - `w(here)`：スタックトレースを出力する。
- **値を調べるコマンド**
  - `p(rint) <expr>`：式（`<expr>`）を評価して値を出力する。
  - `pp <expr>`：上のコマンドと同じだが、`pprint` モジュールの pretty-print を使う。構造化に最適。
  - `a(rgs)`：現在の関数の引数リストを出力する。
- **実行コマンド**
  - `s(tep)`：現在の行を実行し、現在の行が関数の中にある場合でも、ソースコードの次の行に移動する。

[3] https://docs.python.org/3/library/pdb.html#debugger-commands

- n(ext)：現在の行を実行し、現在の関数内の次の行に移動する。
- r(eturn)：現在の関数から制御が戻るまで実行を継続する。
- c(ontinue)：次のブレークポイントまで実行を継続する。--trace も使っている場合は、次のテストの初めまで実行を継続する。
- unt(il) <lineno>：指定された行番号（<lineno>）まで実行を継続する。

テストのデバッグに戻って、ll を使って現在の関数を確認してみましょう。

```
(Pdb) ll
  4     @pytest.mark.num_cards(10)
  5     def test_list_done(cards_db):
  6  ->     cards_db.finish(3)
  7         cards_db.finish(5)
  8
  9         the_list = cards_db.list_done_cards()
 10
 11         assert len(the_list) == 2
 12         for card in the_list:
 13             assert card.id in (3, 5)
 14             assert card.state == "done"
(Pdb)
```

->は、実行される前の現在の行を指しています。

until 8 を入力すると、list_done_cards() を呼び出す直前に実行を中止できます。

```
(Pdb) until 8
> <code/ch13/cards_proj/tests/api へのパス>/test_list_done.py(9)test_list_done()
-> the_list = cards_db.list_done_cards()
(Pdb)
```

そして、step を使って関数の中に入ります。

```
(Pdb) step
--Call--
> <code/ch13/cards_proj/src/cards へのパス>/api.py(91)list_done_cards()
-> def list_done_cards(self):
(Pdb)
```

再び ll を使って関数全体を見てみましょう。

```
(Pdb) ll
 91  ->     def list_done_cards(self):
 92             """Return the 'done' cards."""
 93             done_cards = self.list_cards(state="done")
(Pdb)
```

この関数から制御が戻るところまで実行を進めてみましょう。

```
(Pdb) return
--Return--
> <code/ch13/cards_proj/src/cards へのパス>/api.py(93)list_done_cards()->None
-> done_cards = self.list_cards(state='done')
(Pdb) ll
 91         def list_done_cards(self):
 92             """Return the 'done' cards."""
 93  ->         done_cards = self.list_cards(state="done")
(Pdb)
```

done_cards の値は p または pp を使って調べることができます。

```
(Pdb) pp done_cards
[Card(summary='Line for PM identify decade.',
      owner='Russell', state='done', id=3),
 Card(summary='Director season industry the describe.',
      owner='Cody', state='done', id=5)]
```

よさそうに見えますが、どうやら問題が見えてきました。万全を期して、そのまま呼び出し元のテストまで実行し、戻り値を確認してみましょう。

```
(Pdb) step
> <code/ch13/cards_proj/tests/api へのパス>/test_list_done.py(11)test_list_done
()
-> assert len(the_list) == 2
(Pdb) ll
  3     @pytest.mark.num_cards(10)
  4     def test_list_done(cards_db):
  5         cards_db.finish(3)
  6         cards_db.finish(5)
  7
  8         the_list = cards_db.list_done_cards()
  9
 10  ->     assert len(the_list) == 2
 11         for card in the_list:
 12             assert card.id in (3, 5)
```

```
 13              assert card.state == "done"
(Pdb) pp the_list
None
(Pdb)
```

問題がかなりはっきりしてきました。list_done_cards() の done_cards 変数には正しいリストが格納されていましたが、その値が返されていません。Python では、return 文がない場合のデフォルトの戻り値は None です。そして、この None という値が test_list_done() の the_list に代入されているのです。

デバッガを終了し、list_done_cards() に return done_cards を追加した上で失敗したテストを再び実行し、この問題が修正されるかどうか確認してみましょう。

```
(Pdb) exit

!!!!!!!!!!!!!!! _pytest.outcomes.Exit: Quitting debugger !!!!!!!!!!!!!!!
================== 25 deselected in 521.22s (0:08:41) ===================

$ pytest --lf -x -v --tb=no
========================= test session starts ==========================
collected 27 items / 25 deselected / 2 selected
run-last-failure: re-run previous 2 failures (skipped 13 files)

tests/api/test_list_done.py::test_list_done PASSED                [ 50%]
tests/cli/test_done.py::test_done FAILED                          [100%]

======================= short test summary info ========================
FAILED tests/cli/test_done.py::test_done - AssertionError: assert '  ...
!!!!!!!!!!!!!!!!!!!!!! stopping after 1 failures !!!!!!!!!!!!!!!!!!!!!!!
============== 1 failed, 1 passed, 25 deselected in 0.10s ==============
```

みごとにバグが 1 つ修正されました。残るバグはあと 1 つです。

13.6 pdb と tox を組み合わせる

次のテストの失敗をデバッグするために、tox と pdb を組み合わせることにします。この組み合わせをうまく利用するには、tox から pytest にパラメータを渡せるようにする必要があります。第 11 章の 11.9 節で説明したように、これには tox の {posargs} 機能を使います。

Cards プロジェクトの tox.ini ファイルには、この設定がすでに含まれています。

リスト13-6：ch13/cards_proj/tox.ini

```
[tox]
envlist = py39, py310
isolated_build = True
skip_missing_interpreters = True

[testenv]
deps =
  pytest
  faker
  pytest-cov
commands = pytest --cov=cards --cov=tests --cov-fail-under=100 {posargs} ←
```

Python 3.10 環境を実行し、テストが失敗したところからデバッガを開始したいと思います。なお、-e py310 で 1 回実行した後、-e py310 -- --lf --trace を使って、最初に失敗するテストのエントリポイントで実行を中止することもできます。

この場合は単に-e py310 -- --pdb --no-cov を使って 1 回だけ実行し、テストが失敗した時点で実行を中止してみましょう（--no-cov はカバレッジレポートを無効にするためのフラグです）。

```
$ tox -e py310 -- --pdb --no-cov
......
py310 run-test: commands[0] | pytest --cov=cards --cov=tests
--cov-fail-under=100 --pdb --no-cov
======================== test session starts ==========================
collected 53 items

tests/api/test_add.py .....                                       [  9%]
tests/api/test_config.py .                                        [ 11%]
......
tests/cli/test_delete.py .                                        [ 77%]
tests/cli/test_done.py F
>>>>>>>>>>>>>>>>>>>>>>>>>>>>>> traceback >>>>>>>>>>>>>>>>>>>>>>>>>>>>>>
......
>       assert output == expected
......
tests/cli/test_done.py:16: AssertionError
>>>>>>>>>>>>>>>>>>>>>>>>>>>>> entering PDB >>>>>>>>>>>>>>>>>>>>>>>>>>>>>

>>>>>>>>>>>>>> PDB post_mortem (IO-capturing turned off) >>>>>>>>>>>>>>>
> <code/ch13/cards_proj/tests/cli へのパス>/test_done.py(16)test_done()
-> assert output == expected
(Pdb) ll
 11     def test_done(cards_db, cards_cli):
 12         cards_db.add_card(cards.Card("some task", state="done"))
 13         cards_db.add_card(cards.Card("another"))
```

```
 14        cards_db.add_card(cards.Card("a third", state="done"))
 15        output = cards_cli("done")
 16  ->    assert output == expected
(Pdb)
```

そうすると、アサーションが失敗したまさにその場所で pdb が起動します。

pp を使って output 変数と expected 変数の値を調べてみましょう。

```
(Pdb) pp output
('                                    \n'          ←
 '  ID   state   owner   summary   \n'
 '  ────────────────────────────────────────────────────── \n'
 '  1    done            some task \n'
 '  3    done            a third')
(Pdb) pp expected
('\n'                              ←
 '  ID   state   owner   summary   \n'
 '  ────────────────────────────────────────────────────── \n'
 '  1    done            some task \n'
 '  3    done            a third')
(Pdb)
```

もう問題が何かわかりますね。想定されている出力（expected）は改行文字'\n' を 1 つ含んでいるだけの行から始まります。これに対し、実際の出力（output）を見ると、改行の前にスペースが大量に含まれています。トレースバックだけでは、あるいは IDE を使ったとしても、この問題を突き止めるのは難しいでしょう。pdb を使えば、この問題を難なく見つけ出すことができます。

pdb を終了して、これらのスペースをテストに追加します。その失敗するテストで tox 環境を再び実行してみましょう。

```
$ tox -e py310 -- --lf --tb=no --no-cov -v
......
py310 run-test: commands[0] | pytest --cov=cards --cov=tests
--cov-fail-under=100 --lf --tb=no --no-cov -v
======================== test session starts =========================
collected 42 items / 41 deselected / 1 selected
run-last-failure: rerun previous 1 failure (skipped 6 files)

tests/cli/test_done.py::test_done PASSED                          [100%]

=================== 1 passed, 41 deselected in 0.11s ===================
_______________________________ summary ________________________________
  py310: commands succeeded
```

```
  congratulations :)
```

念のために、全体をもう一度実行してみましょう。

```
$ tox
......
Required test coverage of 100% reached. Total coverage: 100.00%

========================= 53 passed in 0.53s ==========================
_________________________________________ summary _________________________________________
  py39: commands succeeded
  py310: commands succeeded
  congratulations :)
```

やりました! バグは2つとも修正されました。

13.7 ここまでの復習

本章では、コマンドラインフラグ、pdb、tox を使って Python パッケージをデバッグするための手法をいろいろ取り上げました。

- `pip install -e ./cards_proj` を使って、Cards プロジェクトの編集可能バージョンをインストールする。
- pytest のさまざまなフラグを使ってデバッグを行う（便利なフラグは 13.3 節にまとめてある）。
- pdb を使ってテストをデバッグする（pdb コマンドの一部は 13.5 節で確認できる）。
- tox、pytest、pdb を組み合わせることで、失敗するテストを tox 環境でデバッグする。

13.8 練習問題

本章のダウンロードサンプルに含まれているコードファイルは修正前のものであり、正常に動作しない状態です。デバッグのほとんどを IDE で行う予定であっても、本章で取り上げたデバッグ手法をぜひ試してみてください。pytest のフラグや pdb のコマンドの使い方を覚えるのにきっと役立つはずです。

1. 新しい仮想環境を作成し、Cards プロジェクトを編集可能モードでインストールしてください。
2. pytest を実行し、本章で確認したのと同じ失敗が出力されることを確認してください。
3. `--lf` と `--lf -x` を使ってその仕組みを確認してください。
4. `--stepwise` と `--stepwise-skip` を何度か試してください。`--lf` / `--lf -x` とどのように違うでしょうか。
5. `--pdb` を使って、テストが失敗する場所で pdb を起動してください。
6. `--lf --trace` を使って、1 つ目の失敗するテストの初めの部分で pdb を起動してください。
7. 両方のバグを修正し、テストがすべて成功することを確認してください。
8. ソースコードまたはテストコードのどこかに `breakpoint()` を追加し、`--pdb` または `--trace` のどちらかを使って pytest を実行してください。
9. ボーナス問題：再び何かが正常に動作しなくなるようにして、IPython でデバッグしてください。

IPython[4] は Jupyter[5] プロジェクトに含まれています。詳しくはそれぞれのドキュメントを参照してください。

1. `pip install ipython` で IPython をインストールします。
2. 次のいずれかの方法で IPython を実行できます。
    - `pytest --lf --trace --pdbcls=IPython.terminal.debugger:TerminalPdb` を実行する。
    - `pytest --pdb --pdbcls=IPython.terminal.debugger:TerminalPdb` を実行する。
    - コードのどこかに `breakpoint()` を配置して、`pytest -pdbcls=IPython.terminal.debugger:TerminalPdb` を実行する。

[4] https://ipython.readthedocs.io/en/stable/index.html

[5] https://jupyter.org

13.9 次のステップ

本書の Part 3 の目的は、テストの作成と実行を効率化するための手助けをすることにあります。テストに共通する問題の多くはすでに他の誰かによって解決されており、pytest プラグインとしてパッケージ化されています。第 14 章では、サードパーティプラグインの数々を紹介します。サードパーティプラグインの後は、第 15 章でカスタムプラグインを構築します。そして最終章である第 16 章では、パラメータ化に再び着目し、高度な手法を紹介します。

PART 3
ブースターロケット

CHAPTER 14

サードパーティプラグイン

pytest はそのままでも十分に強力ですが、プラグインを追加すればさらに効果的です。pytest のコードベースはカスタマイズしたり拡張したりすることを念頭に置いて設計されており、プラグインを使った変更や改善を可能にするフック関数が用意されています。

驚くかもしれませんが、ここまでの章を読みながらコードを実際に試してきたとしたら、あなたはすでにプラグインを書いています。フィクスチャやフック関数をプロジェクトの `conftest.py` ファイルに追加するたびに、あなたはローカルプラグインを作成しているのです。あと少しだけ手を加えれば、それらの `conftest.py` ファイルをインストール可能なプラグインにできます。それらのプラグインは他のプロジェクト、他のユーザー、さらには世界中のユーザーと共有できます。

本章では、サードパーティのプラグインが見つかる場所を確認することから始めます。利用可能なプラグインの数は非常に多いため、あなたが pytest に追加したいと考えている変更を誰かがすでにプラグインとして作成している可能性は十分にあります。また、多くのソフトウェアプロジェクトで広く役立つプラグインをいくつか紹介します。最後に、さまざまな種類のプラグインをひととおり紹介し、そのうちのいくつかの詳細を取り上げます。

14.1 プラグインを探す

pytest のサードパーティプラグインはいくつかの場所で見つかります。

- `https://docs.pytest.org/en/latest/reference/plugin_list.html`
  pytest の公式ドキュメントサイトでは、PyPI から取得したプラグインをアルファベット順に並べた長いリストを調べることができます。
- `https://pypi.org`
  PyPI（Python Package Index）はさまざまな Python パッケージを取得するのにうってつけの場所ですが、pytest のプラグインを検索する場所としても申し分ありません。pytest のプラグインを検索するときには、`pytest`、`pytest-`、または `-pytest` で検索するとうまくいくはずです。というのも、ほとんどのプラグインの名前は `pytest-` で始まっているか、`-pytest` で終わっているからです。また、

"Framework::Pytest"で絞り込むと、pytestのプラグインのうち、Hypothesisや Fakerのように、pytest-または-pytest形式の名前が付いていないパッケージが返されます。

- https://github.com/pytest-dev
  pytestのソースコードはGitHubのpytest-devグループで管理されています。pytest-devはpytestのよく知られているプラグインの多くが見つかる場所でもあります。プラグインに関しては、pytest-devはよく知られているpytestプラグインを一元的に管理する場所になっており、メンテナンス作業の一部を担っています。詳細については、pytestの公式ドキュメントサイトの「Submitting Plugins to pytest-dev」セクション[1]を参照してください。
- https://docs.pytest.org/en/latest/how-to/plugins.html
  pytestの公式ドキュメントサイトには、pytestプラグインのインストールと使用に関するページがあります。よく使われているプラグインもいくつか紹介されています。

pip installを使ってプラグインをインストールする方法を見てみましょう。

14.2 プラグインをインストールする

ここまでの章でインストールしてきた他のPythonパッケージと同様に、pytestのプラグインはpipを使ってインストールします。

```
$ pip install pytest-cov
```

このコマンドを実行すると、PyPIから最新の安定バージョンがインストールされます。ただし、pipはローカルディレクトリやGitリポジトリといった他の場所からもパッケージをインストールできるほど強力です。詳細については、付録Bを参照してください。

14.3 pytestのさまざまなプラグインを調べる

前回確認したときには、pytestの公式ドキュメントサイト[2]の「Plugin List」ページには1,000あまりのプラグインが並んでいました。おびただしい数のプラグインですが、こ

---

1 https://docs.pytest.org/en/latest/contributing.html#submitting-plugins-to-pytest-dev

2 https://docs.pytest.org/en/latest/reference/plugin_list.html

こではそのほんのひと握りのプラグインを調べることにします。これらのプラグインは多くの人にとって有益なものであると同時に、プラグインを使ってできることの多様性を示すものとなっています。

以下のプラグインはすべて PyPI からインストールできます。

● テストの通常の実行フローを変更するプラグイン

デフォルトでは、pytest によるテストの実行フローは予測可能です。テストファイルが含まれているディレクトリを 1 つ与えると、pytest はそれぞれのファイルをアルファベット順に実行します。各ファイルに含まれているテストはそれぞれ、ファイルに含まれている順に実行されます。

場合によっては、その順序を変更できると都合がよいことがあります。次のプラグインは何らかの方法でテストの通常の実行フローを変更します。

- **pytest-order**
  マーカーを使ってテストの実行順序を指定できます。
- **pytest-randomly**
  テストの実行順序をファイル、クラス、テストの順にランダムに入れ替えます。
- **pytest-repeat**
  1 つまたは複数のテストを指定された回数だけ簡単に繰り返せるようにします。
- **pytest-rerunfailures**
  失敗したテストを再度実行します。テストが信頼できない場合に役立ちます。
- **pytest-xdist**
  1 台のマシンに搭載された複数の CPU を使って、あるいは複数のリモートマシンを使って、複数のテストを同時に実行します。

● 出力を変更または拡張するプラグイン

pytest の通常の出力は、主に成功したテストに対するドットと、その他の出力に対する文字で構成されています。`-v` を指定すると、続いてテスト名のリストと結果が表示されます。ただし、この出力を変更するプラグインがいくつかあります。

- **pytest-instafail**
  テストが失敗したらすぐさま失敗したテストのトレースバックと出力を報告する `--instafail` フラグを追加します。通常、pytest が失敗したテストのトレースバックと出力を報告するのは、すべてのテストが終了した後です。

- **pytest-sugar**
  成功したテストに対し、ドットの代わりに緑のチェックマークとプログレスバーを表示します。また、`pytest-instafail` と同様に、テストの失敗をすぐに表示します。
- **pytest-html**
  HTML レポートを生成できます。失敗したケースのスクリーンショットなど、データや画像を追加してレポートを拡張できます。

● Web 開発のためのプラグイン

pytest は Web プロジェクトのテストに広く使われています。そう考えると、Web 開発のテストに役立つプラグインが数多く提供されているのは何ら意外なことではありません。

- **pytest-selenium**
  Web ブラウザベースのテストの設定を簡単に行うことができるフィクスチャを提供します。Selenium は Web ブラウザでのテストによく使われているツールです。
- **pytest-splinter**
  Selenium をベースとした、より高レベルのインターフェイスであり、Splinter を pytest からより簡単に利用できるようにします。
- **pytest-django, pytest-flask**
  Django/Flask アプリケーションのテストを pytest で簡単に行うことができます。Django と Flask は最もよく知られている Python の Web フレームワークです。

● フェイクデータを生成するためのプラグイン

第 6 章の 6.9 節では、Faker を使ってカードのサマリーデータと所有者データを生成しました。フェイクデータの生成は、さまざまな分野のさまざまなケースで役立ちます。当然ながら、このニーズに応えるプラグインがいくつかあります。

- **Faker**
  フェイクデータを自動的に生成します。`faker` というフィクスチャを pytest で使うことができます。
- **model-bakery**
  フェイクデータを使って Django モデルオブジェクトを生成します。

- **pytest-factoryboy**
  データベースモデルのデータジェネレータである Factory Boy のフィクスチャを提供します。
- **pytest-mimesis**
  Faker と同じようにフェイクデータを生成しますが、Mimesis のほうがずっと高速です。

● pytest の機能を拡張するプラグイン

プラグインはどれも pytest の機能を拡張するのですが、よいカテゴリ名が思い付きませんでした。というわけで、便利なプラグインを集めてみました。

- **pytest-cov**
  テストの実行中にカバレッジを実行します。
- **pytest-benchmark**
  テスト内でベンチマークを実行し、コードの実行時間を計測します。
- **pytest-timeout**
  テストの実行にタイムアウトを設定します。
- **pytest-asyncio**
  非同期関数をテストします。
- **pytest-bdd**
  pytest でビヘイビア駆動開発（BDD）スタイルのテストを記述します。
- **pytest-freezegun**
  時間を固定にすることで、テストの実行中に時間を読み取るコードがすべて同じ値を取得するようにします。特定の日時を設定することもできます。
- **pytest-mock**
  `unittest.mock` のパッチ API を拡張する薄いラッパー。

本節では、大勢の人が便利だと感じるようなプラグインを紹介しました。しかし、その中でも `pytest-xdist` と `pytest-randomly` の 2 つのプラグインはほぼ普遍的に受け入れられています。というのも、これらのプラグインはテストを高速化するのに役立ち、テストの間で予想外の依存関係を見つけ出すからです。次節では、これらのプラグインを詳しく見ていきましょう。

14.4 複数のテストを同時に実行する

通常、テストはすべて順番に実行されます。テストに必要なリソースが一度に1つのクライアントしかアクセスできないものである場合は、まさに渡りに船です。しかし、共有リソースにアクセスする必要がなければ、複数のテストを同時に実行することでテストセッションを高速化できます。まさにそれを可能にするのが pytest-xdist プラグインです。このプラグインでは、複数のプロセッサを指定することで、複数のテストを同時に実行することができます。さらに、テストを複数のマシンに分配して、複数のマシンの処理能力を利用することもできます。

例として、単純なテストを見てみましょう。

リスト14-1：ch14/test_parallel.py

```
import time

def test_something():
    time.sleep(1)
```

このテストの実行には1秒ほどかかります。

```
$ cd <code/ch14 へのパス>
$ pytest test_parallel.py
========================= test session starts ==========================
collected 1 item

test_parallel.py .                                                 [100%]

========================== 1 passed in 1.01s ===========================
```

pytest-repeat をインストールし、--count=10 を指定してテストを10回実行すると、実行に10秒ほどかかるはずです。

```
$ pip install pytest-repeat
$ pytest --count=10 test_parallel.py
========================= test session starts ==========================
collected 10 items

test_parallel.py ..........                                        [100%]

========================= 10 passed in 10.05s ==========================
```

では、高速化を図るために、-n=4 を指定して、これらのテストを4つのCPUで同時に実行してみましょう。

```
$ pip install pytest-xdist
$ pytest --count=10 -n=4 test_parallel.py
======================== test session starts ==========================
gw0 [10] / gw1 [10] / gw2 [10] / gw3 [10]
..........                                                       [100%]
========================= 10 passed in 3.49s ==========================
```

-n=auto を指定すると、できるだけ多くの CPU コアでテストを実行できます。

```
$ pytest --count=10 -n=auto test_parallel.py
======================== test session starts ==========================
gw0 [10] / gw1 [10] / gw2 [10] ...
..........                                                       [100%]
========================= 10 passed in 2.16s ==========================
```

このテストは 6 コアプロセッサで実行されています。したがって、6 コアで 6 回実行すれば、実行時間はだいたい 1 秒に短縮されるはずです。

```
$ pytest --count=6 -n=6 test_parallel.py
======================== test session starts ==========================
gw0 [6] / gw1 [6] / gw2 [6] / gw3 [6] / gw4 [6] / gw5 [6]
......                                                           [100%]
========================= 6 passed in 1.63s ===========================
```

1 秒とはいかず、1.63 秒かかりました。並列プロセスの生成と最後の結果の結合がオーバーヘッドになったようです。ただし、オーバーヘッドはほぼ一定なので、大きなジョブでは試してみる価値があります。

先ほどと同じ-n=6 を使ってテストを 60 回繰り返したときの結果は次のようになります。

```
$ pytest --count=60 -n=6 test_parallel.py
======================== test session starts ==========================
gw0 [60] / gw1 [60] / gw2 [60] / gw3 [60] / gw4 [60] / gw5 [60]
............................................................     [100%]
======================== 60 passed in 10.71s ==========================
```

テストの実行回数を 10 倍にしたところ、オーバーヘッドが 0.63 秒から 0.71 秒に微増しました。

これらの例では、-n=6 に着目しました。しかし、テストをできるだけ高速化するなら、

-n=auto で実行するほうが得策です。正直なところ、どういう仕組みでそうなるのかはわかりませんが、コアの数が 6 つであるにもかかわらず、-n=6 よりも-n=auto を使うほうが高速です。

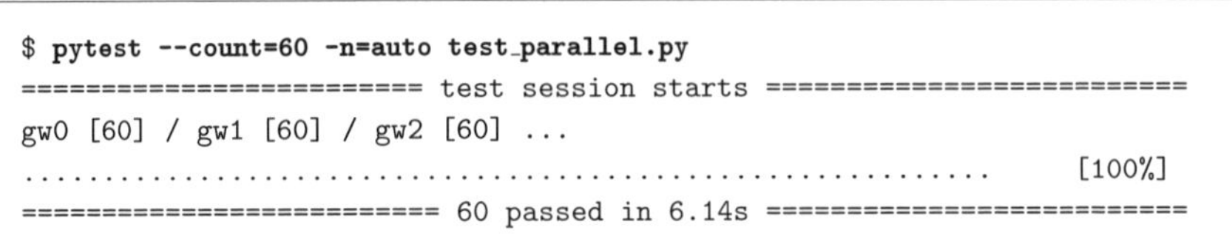

```
$ pytest --count=60 -n=auto test_parallel.py
======================== test session starts =========================
gw0 [60] / gw1 [60] / gw2 [60] ...
............................................................    [100%]
========================= 60 passed in 6.14s =========================
```

テストに 60 秒かかるはずが、6 秒とちょっとになっています。

pytest-xdist プラグインには、便利な機能がもう 1 つ含まれています。--looponfail フラグです。これはテスト実行を繰り返すためのフラグで、指定するとサブプロセスを用いてテストを延々と再実行できます。各実行の後、pytest はプロジェクト内のファイルが変更されるまで待ってから、前回失敗したテストを実行します。すべてのテストが成功するまで同じことを繰り返した後、最後にもう一度完全なテストを実行します。この機能はテストがいくつもまとまって失敗したときのデバッグに非常に役立ちます。

14.5　テストの順序をランダムに入れ替える

テストを実行するときには、それぞれのテストを他のすべてのテストから独立させたいと考えるのが一般的です。テストを独立させると、何かがうまくいかない場合のデバッグが容易になります。図らずもテストの順序がテストしているシステムの状態に依存していた場合、順序の独立性は失われてしまいます。順序が独立しているかどうかを検査する一般的な方法の 1 つは、テストの順序をランダムに入れ替えてみることです。

pytest-randomly プラグインは、テストの順序をランダムに入れ替えるのにうってつけです。このプラグインは Faker や Factory Boy といった他のランダムツールのシード値もランダム化します。

pytest-randomly を 2 つの単純なテストファイルで試してみましょう。

リスト14-2：ch14/random/test_a.py

```
def test_one():
    pass

def test_two():
    pass
```

リスト14-3：ch14/random/test_b.py

```
def test_three():
    pass

def test_four():
    pass
```

これらのテストをいつもと同じように実行すると、test_one から test_four の順に結果が出力されます。

```
$ cd <code/ch14/random へのパス>
$ pytest -v
========================= test session starts ==========================
collected 4 items

test_a.py::test_one PASSED                                        [ 25%]
test_a.py::test_two PASSED                                        [ 50%]
test_b.py::test_three PASSED                                      [ 75%]
test_b.py::test_four PASSED                                       [100%]

========================== 4 passed in 0.01s ===========================
```

テストはアルファベット順に実行されるため、test_a.py が test_b.py より先に実行されます。そして、これらのファイル内のテストが定義された順に実行されます。

順序をランダムに入れ替えるために、pytest-randomly をインストールします。

```
$ pip install pytest-randomly
$ pytest -v
========================= test session starts ==========================
collected 4 items

test_b.py::test_four PASSED                                       [ 25%]
test_b.py::test_three PASSED                                      [ 50%]
test_a.py::test_two PASSED                                        [ 75%]
test_a.py::test_one PASSED                                        [100%]

========================== 4 passed in 0.01s ===========================
```

テストがランダムな順序でも問題なく実行されることを確認するのは奇妙に思えるかもしれません。しかし、テストがきちんと独立した状態になっていなかったために深夜にデバッグセッションを行うはめになるというのはよくあることです。日頃からテストの順序をランダム化しておけば、このような問題を避けるのに役立ちます。

14.6 ここまでの復習

本章では、プラグインが見つかる場所を確認しました。

- https://pypi.org（pytest-で検索）
- https://github.com/pytest-dev
- https://docs.pytest.org/en/latest/how-to/plugins.html
- https://docs.pytest.org/en/latest/reference/plugin_list.html

利用可能なさまざまなプラグインを駆け足で紹介し、pytest-randomly、pytest-repeat、pytest-xdist の 3 つを実際に試してみました。

14.7 練習問題

pytest はそのままでも非常に強力ですが、プラグインを追加した場合に可能になることの範囲と威力を理解しておくことは重要です。利用可能なリソースを調べるために時間を割き、いくつかのプラグインを実際に試してください。そうすれば、本物のテストプロジェクトで実際に助けが必要になったときにどこを調べればよいのかを覚えておくのに役立つでしょう。

1. 普段使っている Web ブラウザで https://pypi.org にアクセスし、pytest-で検索してください。
   - プロジェクトはいくつ表示されましたか。
2. 第 13 章で使った仮想環境を起動し、完全なテストスイートを実行してください。
   - テストスイートの実行にかかった時間はどれくらいですか。
3. pytest-xdist をインストールし、--n=auto を指定した上でテストスイートを再び実行してください。
   - テストスイートの実行にかかった時間はどれくらいですか。

14.8 次のステップ

これほどたくさんの pytest プラグインが提供されている理由の 1 つは、プラグインを作成して世界に公開するのがかなり簡単だからです。次章では、カスタムプラグインの開発からテスト、共有までの手順をひととおり説明します。

CHAPTER 15

プラグインの作成

前章では、利用可能なプラグインの数々を紹介しました。pytestを使い込むうちに、フィクスチャや新しいコマンドラインフラグなど、ありとあらゆる便利なツールを次々に作成するようになることは間違いないでしょう。そして、それらのツールを複数のプロジェクトで使いたくなるはずです。さらに、あなたが改良したものを他の人と共有したい、あるいはあなたが変更したものを公開したいと考えるかもしれません。本章の内容はまさに、あなたが改良したものを共有する方法に関するものです。そして、その方法とは、カスタムプラグインを作成することです。

15.1 すばらしいアイデアを思い付いたら

「すばらしいアイデア」は言いすぎかもしれません。実際にすばらしいアイデアでなければプラグインにする価値はない、ということはありません。単に役に立つものであればよいのです。あるプロジェクトで役立つフィクスチャやコマンドラインフラグがあり、他のプロジェクトでも使いたい――プラグインを作成する理由はそれで十分です。

たとえばpytestのドキュメントを読んでいて、「時間のかかるテスト」について、あるアイデアが頭に浮かんだとしましょう。pytestのドキュメントには「Basic patterns and examples」というページ[1]があり、`@pytest.mark.slow`マーカーが付いているテストを自動的にスキップする方法が解説されています。

思い付いたのは次のようなアイデアです（このドキュメントで実際に使っているのは`--runslow`ですが、ここでは`--slow`を使います。こちらのほうが短くてよいオプションに思えます）。

- かなり時間がかかるので常に実行したいとは思わないテストに`@pytest.mark.slow`マーカーを追加する。
- pytestが実行するテストを収集するときに、そのプロセスをインターセプトし、`@pytest.mark.slow`マーカーが追加されたすべてのテストに`@pytest.mark.ski`

[1] `https://docs.pytest.org/en/7.0.x/example/simple.html#control-skipping-of-tests-according-to-command-lineoption`

p(reason="need --slow option to run") マーカーを追加する。このようにすると、それらのテストはデフォルトでスキップされるようになる。

- ユーザーがこの振る舞いを上書きして時間のかかるテストを実際に実行できるようにするために、--slow フラグを追加する。通常の状況では、pytest を実行すると、slow マーカーが付いているテストは常にスキップされる。これに対し、--slow フラグを指定すると、時間のかかるテストを含め、すべてのテストが実行される。
- 時間のかかるテストだけを実行したい場合は、やはり-m slow を使って slow マーカーが付いているテストを選択できるが、さらに--slow を組み合わせる必要がある。したがって、時間のかかるテストだけを実行するには、-m slow --slow を指定する。

実際のところ、かなり便利なアイデアに思えます。本章では、このアイデアを完全なプラグインとして形にします。その過程で、プラグインをテストする方法、パッケージ化する方法、PyPI で公開する方法を学びます。また、このプラグインの実装に使うフック関数についても説明します。

特定のテストの選択または除外はすでにマーカーを使って行うことができます。デフォルトを変更して slow マーカーが付いたテストも実行するには、--slow を指定します。

振る舞い	プラグインなし	プラグインあり
時間のかかるテストを除外	pytest -m "not slow"	pytest
時間のかかるテストも実行	pytest	pytest --slow
時間のかかるテストだけを実行	pytest -m slow	pytest -m slow --slow

元の振る舞いを試してみるために、簡単なテストファイルと設定ファイルを用意しました。

テストファイルはリスト 15-1 のようになります。

リスト15-1：ch15/just_markers/test_slow.py

```
import pytest

def test_normal():
    pass

@pytest.mark.slow
def test_slow():
    pass
```

「時間のかかるテスト」を宣言するための設定ファイルはリスト 15-2 のようになります。

リスト15-2：ch15/just_markers/pytest.ini

```
[pytest]
markers = slow: mark test as slow to run
```

ここで簡単に実行できるようにしようとしているのは、「時間のかかるテストを除外する」という振る舞いです。この振る舞いは次のようなものです。

```
$ cd <code/ch15/just_markers へのパス>
$ pytest -v -m "not slow"
========================= test session starts ==========================
collected 2 items / 1 deselected / 1 selected

test_slow.py::test_normal PASSED                                 [100%]

=================== 1 passed, 1 deselected in 0.01s ====================
```

うまくいきました。目的がわかったところで、さっそく作業に取りかかりましょう。

15.2 conftest.py ベースのローカルプラグインを作成する

まず、conftest.py ファイルに変更を加えて、変更内容をローカルでテストしてからプラグインに組み込むことにします。

pytest の動作を変更するには、pytest のフック関数を利用する必要があります。**フック関数**（hook function）[2] とは、pytest が提供している関数のエントリポイントのことです。プラグイン開発者はフック関数を利用することで、pytest の振る舞いを特定の時点でインターセプトして変更することができます。pytest のドキュメントには、さまざまなフック関数のリスト[3] が含まれています。本章で使うのは次の 3 つです。

- **pytest_configure()**
  プラグインや conftest.py ファイルで初期設定を行うためのフック関数。ここでは、このフック関数を使って slow マーカーを事前に宣言し、ユーザーが設定ファイルに slow を追加せずに済むようにします。
- **pytest_addoption()**
  オプションと設定を登録するためのフック関数。ここでは、このフック関数を

[2] https://docs.pytest.org/en/6.2.x/writing_plugins.html#writinghooks
[3] https://docs.pytest.org/en/latest/reference/reference.html#hook-reference

使って--slow フラグを追加します。

- **pytest_collection_modifyitems()**
  テストが収集された後に呼び出されるフック関数であり、テストアイテムのフィルタリングや並べ替えに利用できます。slow マーカーが付いているテストを検索し、それらのテストに skip マーカーを追加してスキップできるようにするには、このフック関数が必要です。

pytest_configure() から見ていきましょう。まず、slow マーカーを宣言します。

リスト15-3：ch15/local/conftest.py

```
import pytest

def pytest_configure(config):
    config.addinivalue_line("markers", "slow: mark test as slow to run")
```

次に、pytest_addoption() を使って--slow フラグを追加する必要があります。

リスト15-4：ch15/local/conftest.py

```
def pytest_addoption(parser):
    parser.addoption(
        "--slow", action="store_true", help="include tests marked slow"
    )
```

parser.addoption() を呼び出すと、このフラグとその設定が作成されます。action="store_true"パラメータを指定すると、--slow フラグが渡された場合は slow の設定に True が格納され、それ以外の場合は False が格納されます。help="include tests marked slow"は、このフラグを説明する行を help の出力に追加します。

```
$ cd <code/ch15/local へのパス>
$ pytest --help
......
custom options:
  --slow                include tests marked slow
......
```

おもしろくなるのはここからです。実行されるテストを実際に変更してみましょう。

リスト15-5：ch15/local/conftest.py

```
def pytest_collection_modifyitems(config, items):
    if not config.getoption("--slow"):
        skip_slow = pytest.mark.skip(reason="need --slow option to run")
```

```
        for item in items:
            if item.get_closest_marker("slow"):
                item.add_marker(skip_slow)
```

リスト 15–5 のコードは、pytest のドキュメントのアドバイスに従って、すでに slow マーカーが付いているテストに skip マーカーを追加します。slow の設定を取得するには、config.getoption("--slow") を使います。config.getoption("slow") でもうまくいきますが、ハイフン（-）が含まれているほうが読みやすいと思います。

pytest_collection_modifyitems() に渡される items パラメータの値は、pytest が実行することになるテストのリストです。具体的には、Node オブジェクトのリストです。さて、ここからが pytest の実装の肝です。

ここで注目するのは、Node インターフェイス[4] に含まれている、get_closest_marker() と add_marker() の 2 つのメソッドです。get_closest_marker("slow") は、テストに slow マーカーが付いている場合に Marker オブジェクトを返します。slow マーカーが付いていない場合は None を返します。ここでは、この戻り値を論理値（True または False）として扱うことで、テストのマーカーが slow かどうかを調べています。マーカーが slow の場合は、skip マーカーを追加します。このメソッドがオブジェクトを返す場合、そのオブジェクトは if 句において True 値のように機能します。None 値は if 句において False と評価されます。

実際に試してみましょう。

```
$ pytest -v
========================= test session starts ==========================
collected 2 items

test_slow.py::test_normal PASSED                                  [ 50%]
test_slow.py::test_slow SKIPPED (need --slow option to run)       [100%]

===================== 1 passed, 1 skipped in 0.01s =====================
```

デフォルトでは、時間のかかるテストをスキップします。テストをスキップすることは、テストを選択から除外することと完全に同じではありませんが、その理由が抜かりなく詳細な出力に表示されています。

また、--slow を指定すると、時間のかかるテストも選択できます。

```
$ pytest -v --slow
========================= test session starts ==========================
```

4 https://docs.pytest.org/en/latest/reference/reference.html#node

```
collected 2 items

test_slow.py::test_normal PASSED                                       [ 50%]
test_slow.py::test_slow PASSED                                         [100%]

========================= 2 passed in 0.01s ===========================
```

時間のかかるテストだけを実行するには、`-m slow --slow`を指定します。

```
$ pytest -v -m slow --slow
========================= test session starts ==========================
collected 2 items / 1 deselected / 1 selected

test_slow.py::test_slow PASSED                                         [100%]

=================== 1 passed, 1 deselected in 0.01s ====================
```

`conftest.py`ベースのローカルプラグインはこれで完成です。このプラグインは`conftest.py`ファイルに完全に含まれているため、そのまま使うことができます。しかし、インストール可能なプラグインとしてパッケージ化すると、他のプロジェクトと共有しやすくなります。

15.3 インストール可能なプラグインを作成する

ここでは、`conftest.py`ベースのローカルプラグインをインストール可能なプラグインに変えるプロセスを見ていきます。自作のプラグインをPyPIにアップロードすることがないとしても、少なくとも一度はその手順を見ておくとよいでしょう。その経験はオープンソースのプラグインのコードを読むときに役立つはずであり、そのプラグインがあなたにとって役立つものかどうかを判断しやすくなります。

まず、プラグインのコードを格納するディレクトリを新たに作成しておく必要があります。トップレベルのディレクトリの名前はあまり重要ではありません。ここでは、`pytest_skip_slow`という名前にします。

```
pytest_skip_slow
├──── examples
│      └──── test_slow.py
└──── pytest_skip_slow.py
```

`test_slow.py`が`examples`ディレクトリに移動しています。後ほどプラグインのテストを自動化するときに、このテストをそのまま使います。conftest.py ファイルの内容は pytest_skip_slow.py に直接コピーされています。この pytest_skip_slow.py という名前も自由に変更できます。ただし、このファイルはあとでプラグインをインストール（pip install）するときに仮想環境の site-packages ディレクトリに格納されることになるため、わかりやすい名前にしてください。

次に、Python のパッケージ化に特化したプロジェクトファイルを作成する必要があります。具体的には、pyproject.toml、LICENSE、README.md の 3 つのファイルを設定する必要があります。pyproject.toml ファイルと LICENSE ファイルの準備には Flit を使います。pyproject.toml ファイルの内容は変更する必要がありますが、Flit がよいデフォルト設定を用意してくれます。続いて、README.md ファイルを独自に作成する必要があります。Flit を選んだのは、使い方が簡単で、Cards プロジェクトでも使っているからです。

まず、仮想環境に Flit をインストールし、新しいディレクトリで flit init を実行します。

```
$ cd <code/ch15/pytest_skip_slow へのパス>
$ pip install flit
$ flit init
Module name [pytest_skip_slow]:
Author: <あなたの名前>
Author email: <あなたのメールアドレス>
Home page: https://github.com/okken/pytest-skip-slow
Choose a license (see https://choosealicense.com/ for more info)
1. MIT - simple and permissive
2. Apache - explicitly grants patent rights
3. GPL - ensures that code based on this is shared with the same terms
4. Skip - choose a license later
Enter 1-4: 1

Written pyproject.toml; edit that file to add optional extra info.
```

flit init がいくつか質問をしてくるので、がんばって答えてください。たとえば、flit init は「Home page」を訊いてきますが、筆者は何と答えればよいのかわからないことがよくあります。GitHub や PyPI に公開するつもりがないプロジェクトでは、このフィールドに自分の会社の URL や自分のブログサイトなどを指定するようにしています。

flit init を実行した直後の pyproject.toml ファイルの内容は次のようになります。

```
[build-system]
requires = ["flit_core >=3.2,<4"]
build-backend = "flit_core.buildapi"
```

```
[project]
name = "pytest_skip_slow"
authors = [{name = "<あなたの名前>", email = "<あなたのメールアドレス>"}]
classifiers = ["License :: OSI Approved :: MIT License"]
dynamic = ["version", "description"]

[project.urls]
Home = "https://github.com/okken/pytest-skip-slow"
```

この設定はまだ正しくありません。デフォルト設定はよい出発点ですが、pytest プラグインに合わせて書き換える必要があります。

最終的な `pyproject.toml` ファイルはリスト 15–6 のようになります。

リスト15-6：ch15/pytest_skip_slow_final/pyproject.toml

```
[build-system]
requires = ["flit_core >=3.2,<4"]
build-backend = "flit_core.buildapi"

[project]
name = "pytest-skip-slow"
authors = [{name = "<あなたの名前>", email = "<あなたのメールアドレス>"}]
readme = "README.md"
classifiers = [
    "License :: OSI Approved :: MIT License",
    "Framework :: Pytest"
]
dynamic = ["version", "description"]
dependencies = ["pytest>=6.2.0"]
requires-python = ">=3.7"

[project.urls]
Home = "https://github.com/okken/pytest-skip-slow"

[project.entry-points.pytest11]
skip_slow = "pytest_skip_slow"

[project.optional-dependencies]
test = ["tox"]

[tool.flit.module]
name = "pytest_skip_slow"
```

変更したのは次の部分です。

- `name` を `"pytest-skip-slow"` に変更している。Flit はモジュール名とパッケージ名が同じであると想定する。この想定は pytest のプラグインには当てはまらない。通常、pytest のプラグイン名は pytest-で始まるが、Python はモジュール名にハイフン（-）が含まれていることを好まない。

- モジュールの実際の名前は [tool.flit.module] セクションの name = "pytest_skip_slow"で設定している。このモジュール名は entry-points セクションでも使われている。
- [project.entry-points.pytest11] セクションを追加し、skip_slow = "pytest_skip_slow"というエントリを 1 つ設定している。このセクションの名前は pytest で定義されているもので、どの pytest プラグインでも同じである[5]。このセクションには、<プラグイン名> = "<プラグインモジュール>"形式のエントリが 1 つ必要であり、この例では skip_slow = "pytest_skip_slow"を定義している。
- classifiers セクションを拡張し、pytest プラグイン専用の分類子である "Framework :: Pytest"を追加している。
- readme に README.md ファイルを指定している。このファイルはまだ記述していない。この設定はオプションだが、このファイルがないのは変である。
- dependencies に依存関係を列挙している。pytest プラグインは pytest を要求するため、pytest を指定している。ここでは、バージョン 6.2.0 以降の pytest でなければならないという条件を付けている。pytest のバージョンを指定する必要はないが、筆者はテストするバージョンを指定するようにしている。最初は現在使っているバージョンにするとよいだろう。そしてテストがうまくいったら、古いバージョンにも範囲を広げてみよう。
- requires-python はオプションだが、このテストは Python 3.7 以降のバージョンを対象に行う予定である。
- [project.optional-dependencies] セクションの test = ["tox"] もオプションである。プラグインをテストするときには、pytest と tox が必要になる。pytest はすでに dependencies に含まれているが、tox は含まれていない。test = ["tox"] を設定すると、プロジェクトを編集可能モードでインストールするときに Flit が tox をインストールする。

pyproject.toml ファイルに追加できる設定の詳細については、Flit のドキュメント[6]を参照してください。

---

[5] https://docs.pytest.org/en/latest/how-to/writing_plugins.html#making-your-plugin-installable-by-others
[6] https://flit.readthedocs.io/en/latest/pyproject_toml.html

パッケージのビルドまであともうひと息です。ただし、まだ必要なものがいくつかあります。次の3つの作業を行う必要があります。

1. プラグインを説明するdocstringを`pytest_skip_slow.py`の先頭に追加する。
2. `__version__`文字列を`pytest_skip_slow.py`に追加する。
3. `README.md`ファイルを作成する（凝ったものにする必要はなく、あとから追加できる）。

ありがたいことに、これらの作業を行わずに`flit build`を実行しようとすると、何が足りないかをFlitが教えてくれます。

`pytest_skip_slow.py`ファイルのdocstringと`__version__`文字列はリスト15-7のようになります。

リスト15-7：ch15/pytest_skip_slow_final/pytest_skip_slow.py

```
"""
A pytest plugin to skip `@pytest.mark.slow` tests by default.
Include the slow tests with `--slow`.
"""
import pytest

__version__ = "0.0.1"

# ... 残りのプラグインコード ...
```

`README.md`ファイルは、最初はリスト15-8のようなシンプルなものでかまいません。

リスト15-8：ch15/pytest_skip_slow_final/README.md

```
# pytest-skip-slow

A pytest plugin to skip `@pytest.mark.slow` tests by default.
Include the slow tests with `--slow`.
```

これで、`flit build`を使ってインストール可能なパッケージをビルドできます。

```
$ flit build
Built sdist: dist/pytest-skip-slow-0.0.1.tar.gz              I-flit_core.sdist
Copying package file(s) from .../pytest_skip_slow.py         I-flit_core.wheel
Writing metadata files                                       I-flit_core.wheel
Writing the record of files                                  I-flit_core.wheel
Built wheel: dist/pytest_skip_slow-0.0.1-py3-none-any.whl    I-flit_core.wheel
```

ご覧のとおり、インストール可能なwheelが生成されました! あとは、このwheelを好きなように使うことができます。.whl ファイルをメールで誰かに送って試してもらってもよいですし、wheel を直接インストールして自分で試してみることもできます。

```
$ pip install dist/pytest_skip_slow-0.0.1-py3-none-any.whl
Processing ./dist/pytest_skip_slow-0.0.1-py3-none-any.whl
......
Installing collected packages: pytest-skip-slow
Successfully installed pytest-skip-slow-0.0.1
$ pytest examples/test_slow.py
========================= test session starts ==========================
collected 2 items

examples/test_slow.py .s                                          [100%]

===================== 1 passed, 1 skipped in 0.01s =====================
$ pytest --slow examples/test_slow.py
========================= test session starts ==========================
collected 2 items

examples/test_slow.py ..                                          [100%]

========================== 2 passed in 0.00s ===========================
```

よかった。うまくいきました。

ここまでにしておきたい場合は、忘れずにやっておかなければならない作業があと 2 つあります。

- __pycache__と dist がバージョン管理システムによって無視されるようにしておく。Git の場合は、これらを.gitignore に追加する。
- LICENSE、README.md、pyproject.toml、examples/test_slow.py、pytest_skip_slow.py をコミットする。

ただし、本書では、さらに作業を進めます。次節では、テストを追加し、このプラグインを公開する手順を追っていきます。

15.4 プラグインを pytester でテストする

他のコードと同様に、プラグインのコードもテストする必要があります。ただし、テストツールに対する変更をテストするのは少々やっかいです。test_slow.py を使ってプラグインを手動でテストしたときの手順は次のようなものでした。

- slow マーカーが付いたテストをスキップするために-v で実行
- 両方のテストを選択するために-v --slow で実行
- 時間のかかるテストだけを選択するために-v -m slow --slow で実行

ここでは、pytester というプラグインを使ってこれらのテストを自動化します。pytester は pytest に含まれていますが、デフォルトで無効になっています。そこで、まず conftest.py で pytester を有効にする必要があります。

リスト15-9：ch15/pytest_skip_slow_final/tests/conftest.py

```
pytest_plugins = ["pytester"]
```

これで、pytester を使ってテストケースを作成できます。pytester は、pytester フィクスチャを使うテストごとに一時ディレクトリを作成します。pytester のドキュメント[7] には、このディレクトリの設定に役立つ一連のメソッドが掲載されています。

- **makefile()**
  あらゆる種類のファイルを作成します。
- **makepyfile()**
  Python ファイルを作成します。テストファイルの作成によく使われます。
- **makeconftest()**
  conftest.py ファイルを作成します。
- **makeini()**
  tox.ini ファイルを作成します。
- **makepyprojecttoml()**
  pyproject.toml ファイルを作成します。
- **maketxtfile()**
  makefile() のショートカットであり、.txt 拡張子が付いたファイルを作成します。
- **mkdir(), mkpydir()**
  テストのサブディレクトリを作成します。__init__.py を含めることも、含めないでおくこともできます。
- **copy_example()**
  プロジェクトディレクトリから一時ディレクトリにファイルをコピーします。筆

[7] https://docs.pytest.org/en/latest/reference/reference.html#std-fixture-pytester

者のお気に入りのメソッドであり、このプラグインのテストでも使います。

一時ディレクトリの設定を行った後は、runpytest() を実行できます。このメソッドは RunResult オブジェクト[8] を返します。このオブジェクトを使ってテストの実行結果を確認し、出力を調べることができます。

例を見てみましょう。

リスト15-10：ch15/pytest_skip_slow_final/tests/test_plugin.py

```
import pytest

@pytest.fixture()
def examples(pytester):
    pytester.copy_example("examples/test_slow.py")

def test_skip_slow(pytester, examples):
    result = pytester.runpytest("-v")
    result.stdout.fnmatch_lines(
        [
            "*test_normal PASSED*",
            "*test_slow SKIPPED (need --slow option to run)*",
        ]
    )
    result.assert_outcomes(passed=1, skipped=1)
```

copy_example() はテストに使っている一時ディレクトリに test_slow.py をコピーします。copy_example() の呼び出しを examples フィクスチャに追加することで、すべてのテストで再利用できるようにしています。といっても、個々のテストから共通のセットアップ部分を抜き出して、テストを少し簡潔にしているだけです。examples ディレクトリはプロジェクトディレクトリにあり、copy_example() は examples をトップディレクトリとして使います。この設定はプロジェクトの設定ファイルの pytester_example_dir で変更できます。ただし、copy_example() の呼び出しでは相対パスのままにしておくほうがわかりやすいと思います。

test_skip_slow() は、runpytest("-v") を呼び出すことで、pytest を-v で実行します。runpytest() から返された結果は stdout と assert_outcomes() で調べることができます。stdout を調べる方法はいろいろありますが、最も手軽なのは fnmatch_lines() のようです。このメソッドの名前は標準ライブラリの fnmatch()[9] がベースになっていることに由来します。fnmatch_lines() には、照合したい行のリストを相対的な順序で指

[8] https://docs.pytest.org/en/latest/reference/reference.html#pytest.RunResult

[9] https://docs.python.org/3/library/fnmatch.html#fnmatch.fnmatch

定します。*はワイルドカードであり、有用な結果がほしいときにかなり重要な役割を果たします。

テストの結果はassert_outcomes()で調べることができます。結果の期待値を渡すと、検証が自動的に行われます。あるいは、parseoutcomes()を使って結果を確認することもできます。このメソッドは結果をディクショナリ（辞書）として返すため、そこで検証を行うことができます。ここでは、parseoutcomes()の仕組みを確認するためにテストの1つで使ってみることにします。

次のテストを見てみましょう。

リスト15-11：ch15/pytest_skip_slow_final/tests/test_plugin.py

```
def test_run_slow(pytester, examples):
    result = pytester.runpytest("--slow")
    result.assert_outcomes(passed=2)
```

実にシンプルです。examplesフィクスチャを再利用することでtest_slow.pyをコピーしています。このため、pytestを--slowで実行し、両方のテストが成功することを検証するだけで済みます。なぜfnmatch_lines()で出力を確認しなくてもよいのでしょうか。もちろん、そうすることもできます。しかし、テストは2つしかないので、2つのテストが成功すれば、それ以上テストするものはありません。fnmatch_lines()は、成功すべきテストが成功し、失敗すべきテストが失敗することを確認するために1つ目のテストで使っています。

次のテストでは、parseoutcomes()を使ってみましょう（新しい方法を学ぶことが主な目的です）。

リスト15-12：ch15/pytest_skip_slow_final/tests/test_plugin.py

```
def test_run_only_slow(pytester, examples):
    result = pytester.runpytest("-v", "-m", "slow", "--slow")
    result.stdout.fnmatch_lines(["*test_slow PASSED*"])
    outcomes = result.parseoutcomes()
    assert outcomes["passed"] == 1
    assert outcomes["deselected"] == 1
```

test_run_only_slow()では、再び-vを使って出力を確認できるようにしています。テストは2つあり、実行したいのはそのうち1つだけ（時間のかかるテストだけ）です。fnmatch_lines()を使って正しいテストが実行されたことを確認しています。

parseoutcomes()の呼び出しではディクショナリが返されるため、そこで検証を行うことができます。この場合は、1つのテストが'passed'、1つのテストが'deselected'になるはずです。

試しに、--helpを使ってヘルプテキストが表示されることも確認してみましょう。

リスト15-13：ch15/pytest_skip_slow_final/tests/test_plugin.py

```
def test_help(pytester):
    result = pytester.runpytest("--help")
    result.stdout.fnmatch_lines(
        ["*--slow * include tests marked slow*"]
    )
```

このプラグインの振る舞いからすると、カバレッジはこれで十分でしょう。

プラグインに対してテストを実行する前に、編集可能なコードに対してテストを実行してみましょう。

```
$ cd <code/ch15/pytest_skip_slow_final へのパス>
$ pip uninstall pytest-skip-slow
$ pip install -e .
```

`pip install -e .` のドット（.）は現在のディレクトリを表します。このコマンドがうまくいくのは pip のバージョン 21.3 以降であることを覚えておいてください。

これで、ここで取り組んでいるのと同じコードをテストすることになります。

```
$ pytest -v
========================= test session starts ==========================
collected 4 items

tests/test_plugin.py::test_skip_slow PASSED                       [ 25%]
tests/test_plugin.py::test_run_slow PASSED                        [ 50%]
tests/test_plugin.py::test_run_only_slow PASSED                   [ 75%]
tests/test_plugin.py::test_help PASSED                            [100%]

========================== 4 passed in 0.20s ===========================
```

問題ないですね。次は tox を使って、Python のいくつかのバージョンでプラグインをテストしてみましょう。

15.5 tox を使って Python と pytest の複数のバージョンでテストする

第 11 章では、tox を使って Cards プロジェクトを Python の複数のバージョンでテストしました。ここではカスタムプラグインで同じことを行いますが、pytest の複数のバージョンでもテストします。

このプラグインの `tox.ini` ファイルはリスト 15-14 のようになります。

リスト15-14：ch15/pytest_skip_slow_final/tox.ini

```
[pytest]
testpaths = tests

[tox]
envlist = py{37, 38, 39, 310}-pytest{62,70}
isolated_build = True

[testenv]
deps =
    pytest62: pytest==6.2.5
    pytest70: pytest==7.0.0

commands = pytest {posargs:tests}
description = Run pytest
```

ここでは tox の新しいトリックを 2 つ使っています。

- **envlist = py{37, 38, 39, 310}-pytest{62,70}**
  波かっこ（{}）とハイフン（-）はテスト環境行列を作成します。この設定は、ここで列挙されている Python の 4 つのバージョンと pytest の 2 つのバージョンのすべての組み合わせに対する環境を tox に作成させるための省略表記です。詳しくは tox のドキュメント[10]を参照してください。
- **deps = pytest62: pytest==6.2.5 ...**
  このセクションでは、`pytest62: pytest==6.2.5` と `pytest70: pytest==7.0.0` の 2 つの行が指定されています。このように指定すると、tox は `-pytest62` で終わるすべての環境に pytest 6.2.5 をインストールし、`-pytest70` で終わるすべての環境に pytest 7.0.0 をインストールします。

あとは実行するだけです。

```
$ tox -q --parallel
......
___________________________________________ summary ___________________________________________
  py37-pytest62: commands succeeded
  py37-pytest70: commands succeeded
  py38-pytest62: commands succeeded
  py38-pytest70: commands succeeded
  py39-pytest62: commands succeeded
```

10　https://tox.wiki/en/latest/example/basic.html#compressing-dependency-matrix

```
py39-pytest70: commands succeeded
py310-pytest62: commands succeeded
py310-pytest70: commands succeeded
congratulations :)
```

-q は tox の出力を減らすフラグです。--parallel は tox に複数の環境を同時に実行させるフラグです。4 × 2 行列によりテスト環境が 8 つも作成されるため、それらの環境を同時に実行すると少し時間の節約になります。

次はいよいよプラグインの公開です。

15.6 プラグインを公開する

プラグインのビルドとテストが完了したところで、このプラグインを他のプロジェクト、社内、さらには世界中の人々と共有したいと思います。

カスタムプラグインを公開する方法として次の 3 つがあります。

- プラグインコードを Git リポジトリにプッシュし、そこからインストールする。
  - **例**：pip install git+https://github.com/okken/pytest-skip-slow
  - 複数の git+https://... リポジトリを requirements.txt ファイルに定義できる。また、依存関係として tox.ini に定義することもできる。
- wheel（pytest_skip_slow-0.0.1-py3-none-any.whl）をどこかにある共有ディレクトリにコピーし、そこからインストールする。
  - cp dist/*.whl <パッケージへのパス>
  - pip install pytest-skip-slow --no-index --find-links=<パッケージへのパス>
- PyPI で公開する。
  - Python ドキュメントの「Packaging Python Projects」ページの「Uploading the distribution archives」セクション[11] を参照
  - Flit ドキュメントの「Controlling package uploads」ページ[12] も参照

[11] https://packaging.python.org/tutorials/packaging-projects/#uploading-the-distribution-archives

[12] https://flit.readthedocs.io/en/latest/upload.html#controlling-package-uploads

15.7 ここまでの復習

本章では、プラグインを作成し、PyPIにアップロードできる状態にしました。`conftest.py`ファイルに定義されたフック関数を、インストールと配付が可能なpytestプラグインとしてパッケージ化する方法を調べました。さらに、次の作業を行いました。

- `conftest.py`と単純なテストコードを使って、カスタムプラグインのためのフック関数を手動で開発
- `conftest.py`のコードを新しいディレクトリと`pytest_skip_slow.py`に移動
- テストコードを`examples`ディレクトリに移動
- `flit init`を使って`pyproject.toml`ファイルを作成し、pytestプラグインの特別なニーズに合わせてファイルを修正
- `flit build`を使ってビルドし、できたwheelを使って手動でテスト
- `pytester`とサンプルテストファイルを利用するテストコードを開発
- パッケージを配布するさまざまな方法を確認

15.8 練習問題

`pytest-skip-slow`から`pytest-skip-slow-full`までの手順を追っていけば、プラグインのビルドとテストの方法を学ぶのに役立ちます。

本章のダウンロードサンプルには、次の3つのディレクトリが含まれています。

- `local`（`conftest.py`ベースのローカルプラグイン）
- `pytest-skip-slow`（`local`のコピーに新しい名前を付けたもの）
- `pytest-skip-slow-full`（完成したプラグインの最終的なレイアウトとして考えられるもの）

1. `local`ディレクトリで`-v`、`--slow`、`-v -m slow --slow`を試してください。
2. `pytest-skip-slow`ディレクトリに移動してください。
3. `pip install flit`を実行してください。続いて`flit init`を実行し、必要な情報を入力してください。
4. 本章で説明したとおりに`pyproject.toml`ファイルの内容を変更してください。
5. `flit build`を実行し、生成されたwheelを試してください。
6. テストと`tox.ini`ファイルを追加し、`pytest`または`tox`でテストを実行してく

ださい。

7. ボーナス問題：フック関数ではなくフィクスチャを使ってプラグインを作成してください。特にチームや大規模なプロジェクトでは、共通のフィクスチャを使うとテストの開発が大幅にスピードアップすることがあります。フィクスチャは興味深いデータやフェイクデータを返すものかもしれませんし、（データを含んでいる、または空の）一時データベースに対する接続を返すものかもしれません。それこそ何でもかまいません。あなたが関心を持っているもの、あるいはあなたが従事しているプロジェクトにとって有益なものになるようにしてください。

15.9 次のステップ

本書の最後の章では、再びパラメータ化に着目します。ここまでは、1 つのパラメータと文字列などの単純な値を使ってテストをパラメータ化してきました。次章では、複数の値を使う方法、値としてオブジェクトを使う方法、さらにはパラメータの値をカスタム関数で生成する方法を確認します。また、カスタム識別子についても説明します。カスタム識別子は、テストノードの名前をテストしようとしているものをうまく表現するような名前にするのに役立ちます。

CHAPTER 16

高度なパラメータ化

この最後の章では、パラメータ化に再び着目し、高度な手法をいくつか紹介します。第5章では、テストとフィクスチャのパラメータ化を取り上げ、`pytest_generate_tests()`というフック関数を使ってパラメータ化されたテストを実装する方法を学びました。しかし、そこでのテストのパラメータ化は、文字列値のパラメータを1つ使うだけのかなり単純なものでした。本章では、もっと複雑なパラメータ化に取り組みます。

ここでは、次の4つの方法を調べます。

- データ構造またはオブジェクトを値として使う。このようにするとテストケースの識別子が少し複雑になるが、カスタム識別子を使ってテストノードのIDを読みやすくする。
- 動的な値を使う。関数を使って値を実行時に動的に生成する。
- 複数のパラメータを使う。テストケースごとに複数のパラメータを使い、`parametrize`マーカーを積み重ねて値の行列を生成する。
- 「間接的なパラメータ化」という手法を用いて、フィクスチャで値をインターセプトする。

16.1 複雑な値を使う

パラメータ化の値としてデータ構造やオブジェクトを使いたいことがあります。第5章で使った文字列値のパラメータ化を出発点として、値として`Card`オブジェクトを使うように書き換えてみましょう。

第5章で使った関数のパラメータ化はリスト16-1のようなものでした。

リスト16-1：ch16/test_ids.py

```
@pytest.mark.parametrize("start_state", ["done", "in prog", "todo"])
def test_finish(cards_db, start_state):
    c = Card("write a book", state=start_state)
    index = cards_db.add_card(c)
    cards_db.finish(index)
```

```
    card = cards_db.get_card(index)
    assert card.state == "done"
```

start_state というパラメータが 1 つ含まれていて、parametrize() マーカーに文字列値が静的に列挙されています。

結果として、テストノードの名前が読みやすいものになります。

```
$ cd <code/ch16 へのパス>
$ pytest -v test_ids.py::test_finish
========================= test session starts ==========================
collected 3 items

test_ids.py::test_finish[todo] PASSED                              [ 33%]
test_ids.py::test_finish[in prog] PASSED                           [ 66%]
test_ids.py::test_finish[done] PASSED                              [100%]

========================== 3 passed in 0.01s ===========================
```

Cards と pytest がインストールされていることを確認する

ここでは再びインストール可能な Cards プロジェクトを使います。以前の章で使っていた仮想環境をそのまま使ってもよいですし、新しい仮想環境を作成することもできます。Cards と pytest は `cd <code へのパス>; pip install ./cards_proj; pip install pytest` でインストールしてください。

このテストに小さな変更を 1 つ加えることにします。最初のカードの作成に使われるカードの初期状態を渡すのではなく、最初のカードそのものを渡してみましょう。

リスト16-2：ch16/test_ids.py

```
@pytest.mark.parametrize(
    "starting_card",
    [
        Card("foo", state="todo"),
        Card("foo", state="in prog"),
        Card("foo", state="done"),
    ],
)
def test_card(cards_db, starting_card):
    index = cards_db.add_card(starting_card)
    cards_db.finish(index)
    card = cards_db.get_card(index)
    assert card.state == "done"
```

Card() オブジェクトの構造情報がパラメータ化された値のリストに移動しています。

このようにすると、値として文字列ではなくオブジェクトを使うことになるため、識別子として何を使えばよいのか pytest が判断できなくなります。

```
$ pytest -v test_ids.py::test_card
======================== test session starts =========================
collected 3 items

test_ids.py::test_card[starting_card0] PASSED                   [ 33%]
test_ids.py::test_card[starting_card1] PASSED                   [ 66%]
test_ids.py::test_card[starting_card2] PASSED                   [100%]

========================= 3 passed in 0.07s ==========================
```

そこで pytest は、自明な文字列値を持たないオブジェクトに"starting_card0"、"starting_card1"のように番号を振っていきます。番号が振られた識別子はノードを区別する ID として機能しますが、人間にとってあまり意味がありません。カスタム識別子を作成すれば、このような識別子をわかりやすいものにできます。カスタム識別子を作成する方法として次の 3 つがあります。

- ids パラメータにカスタム ID 関数を割り当てる
- pytest.param を使う
- ids パラメータに ID のリストを割り当てる

16.2 カスタム識別子を作成する

識別子を生成する関数は ids パラメータを使って定義できます。組み込み関数 str または repr を使えば、たいていうまくいきます。

ID 関数として str を試してみましょう。

リスト16-3：ch16/test_ids.py

```
card_list = [
    Card("foo", state="todo"),
    Card("foo", state="in prog"),
    Card("foo", state="done"),
]

@pytest.mark.parametrize("starting_card", card_list, ids=str)        ←
def test_id_str(cards_db, starting_card):
    ...
```

パラメータリストに ids=str が追加されています。また、カードのリストを名前付き変数に移動して、本節で使うサンプルコードが短くなるようにしています。

テストノードの ID は次のようになります。

```
$ pytest -v test_ids.py::test_id_str
========================= test session starts ==========================
collected 3 items

test_ids.py::test_id_str[Card(summary='foo', owner=None,
 state='todo', id=None)] PASSED                                    [ 33%]
test_ids.py::test_id_str[Card(summary='foo', owner=None,
 state='in prog', id=None)] PASSED                                 [ 66%]
test_ids.py::test_id_str[Card(summary='foo', owner=None,
 state='done', id=None)] PASSED                                    [100%]

========================== 3 passed in 0.01s ===========================
```

Card オブジェクトの ID はあまり読みやすいとは言えません。小さなタプルやリストのようなもう少し小さい構造では、ID 関数として str や repr を使えばうまくいくでしょう。ですがクラスの場合は、Card のような小さなクラスでさえ、str や repr を使うと冗長すぎて重要な情報が隠れてしまいます。重要な情報とは、カードの状態の違いです。しかし、その情報は大量のノイズに埋もれてしまっています。この問題を解決する方法は、ID 関数を独自に作成することです。

● カスタム ID 関数を書く

では、ID 関数を独自に定義してみましょう。この関数は、引数として Card オブジェクトを受け取り、戻り値として文字列を返すものでなければなりません。そして、この新しい関数を ids パラメータに割り当てます。

リスト16-4：ch16/test_ids.py

```
def card_state(card):
    return card.state

@pytest.mark.parametrize("starting_card", card_list, ids=card_state)    ←
def test_id_func(cards_db, starting_card):
    ...
```

これで、テストケースの状態の違いがずっとわかりやすくなります。

```
$ pytest -v test_ids.py::test_id_func
========================= test session starts ==========================
collected 3 items
```

```
test_ids.py::test_id_func[todo] PASSED                               [ 33%]
test_ids.py::test_id_func[in prog] PASSED                            [ 66%]
test_ids.py::test_id_func[done] PASSED                               [100%]

========================= 3 passed in 0.02s ==========================
```

ID 関数はたいてい短いものになります。1 行の関数なら、ラムダ式で書くのが得策です。

リスト16-5：ch16/test_ids.py

```
@pytest.mark.parametrize(          ←
    "starting_card", card_list, ids=lambda c: c.state     ←
)              ←
def test_id_lambda(cards_db, starting_card):
    ...
```

出力はまったく同じになります。

```
$ pytest -v test_ids.py::test_id_lambda
========================= test session starts ==========================
collected 3 items

test_ids.py::test_id_lambda[todo] PASSED                             [ 33%]
test_ids.py::test_id_lambda[in prog] PASSED                          [ 66%]
test_ids.py::test_id_lambda[done] PASSED                             [100%]

========================= 3 passed in 0.02s ==========================
```

ids 機能はパラメータ化されたフィクスチャや pytest_generate_tests でも利用できます。カスタム ID を作成する方法として、さらに pytest.param を使う方法と ID のリストを使う方法の 2 つがあります。

● pytest.param に ID を追加する

第 6 章の 6.6 節では、pytest.param を使って、パラメータ化された値にマーカーを追加しました。pytest.param は ID の追加にも利用できます。リスト 16-6 では、1 つのパラメータに「特別な」ID を追加しています。

リスト16-6：ch16/test_ids.py

```
c_list = [
    Card("foo", state="todo"),
    pytest.param(Card("foo", state="in prog"), id="special"),      ←
    Card("foo", state="done"),
]
```

```
@pytest.mark.parametrize("starting_card", c_list, ids=card_state)
def test_id_param(cards_db, starting_card):
    ...
```

この方法は他の方法と組み合わせると特に効果的です。リスト 16–6 では、pytest.param を使って「特別な」ID を 1 つ指定し、残りの ID は ids=cards_state() に生成させています。

このテストを実行した結果は次のようになります。

```
$ pytest -v test_ids.py::test_id_param
======================== test session starts =========================
collected 3 items

test_ids.py::test_id_param[todo] PASSED                          [ 33%]
test_ids.py::test_id_param[special] PASSED                       [ 66%]
test_ids.py::test_id_param[done] PASSED                          [100%]

========================= 3 passed in 0.02s ==========================
```

ID に pytest.param を使う方法がうまくいくのは、特別扱いが必要な ID が 1 つか 2 つだけの場合です。ID を 1 つ残らずカスタム ID にしたい場合、pytest.param はかえって扱いにくいことがあります。すべての値にカスタム ID を指定したい場合は、リストを使うほうが管理しやすいかもしれません。

● ID のリストを使う

リスト 16–7 に示すように、ids パラメータに関数ではなくリストを割り当てることもできます。

リスト16–7：ch16/test_ids.py

```
id_list = ["todo", "in prog", "done"]

@pytest.mark.parametrize("starting_card", card_list, ids=id_list)
def test_id_list(cards_db, starting_card):
    ...
```

リストの同期が保たれるように細心の注意を払う必要があります。そうしないと ID が正しくなくなってしまいます。ID と値をひとまとめにする方法の 1 つは、ID をディクショナリ（辞書）のキーとして使うことです。そうすれば、.keys() を ID のリスト、.values() をパラメータのリストとして使うことができます。この方法は特に ID を関数で生成するのが簡単ではない場合に役立ちます。

リスト16-8：ch16/test_ids.py

```
text_variants = {
    "Short": "x",
    "With Spaces": "x y z",
    "End In Spaces": "x ",
    "Mixed Case": "SuMmArY wItH MiXeD cAsE",
    "Unicode": "¡¢£¤¥¦§¨©ª«¬®¯°±²³´µ¶·¸¹º»¼½¾",
    "Newlines": "a\nb\nc",
    "Tabs": "a\tb\tc",
}

@pytest.mark.parametrize(
    "variant", text_variants.values(), ids=text_variants.keys()
)
def test_summary_variants(cards_db, variant):
    i = cards_db.add_card(Card(summary=variant))
    c = cards_db.get_card(i)
    assert c.summary == variant
```

ディクショナリを使う方法には、pytest.param のように ID がコード行の最後に配置されるのではなく、先頭に配置されるという利点があります。

ディクショナリの順序は絶対に信用しないことにしている人からすると、ディクショナリのこのような使い方は意外なものかもしれません。しかし、keys() と values() から返されるのはディクショナリに対するビューオブジェクトです[1]。2 つの呼び出しの間にディクショナリに対する変更が発生しない限り、Python は keys() と values() の要素が 1 対 1 に対応することを保証します。

ここでは、カスタム識別子を作成する 3 つの方法を調べました。次節では、動的な値を調べることにします。

1 https://docs.python.org/3/library/stdtypes.html#dictionary-view-objects

Column **監注：カスタム識別子に日本語を使う**

pytest ではパラメータのカスタム識別子に日本語が使えます。テスト名の日本語化と組み合わせると、テストがとても読みやすくなります。たとえばリスト 16-7 の例は、以下のように書き換えられます。

```
id_list = ["未着手", "着手", "完了"]

@pytest.mark.parametrize("starting_card", card_list, ids=id_list)
def test_id_リスト形式 (cards_db, starting_card):
    ...
```

ただし、テスト結果では、識別子の部分がエスケープされてしまい、期待するような表示になりません。
そこで `pytest.ini` に以下の設定をすると、テスト結果でも識別子部分が日本語で表示されるようになります（残念ながら `pytest.param` の `id =`には対応していません)。

```
[pytest]
disable_test_id_escaping_and_forfeit_all_rights_to_community_support = True
```

この設定を使うときは、問題が起きないか確認してください。実行環境（CI/CD 環境も含む）や利用プラグインによっては問題が起きる可能性があるようです。

16.3 動的な値でパラメータ化する

前節のディクショナリを使った例では、パラメータの値は `text_variants.values()` という関数で生成されていました。パラメータの値もカスタム関数で生成することができます。

テキストを生成する部分を `text_variants()` という関数に移動してみましょう。この関数は後ほど定義します。このようにすると、パラメータの値を取得するためにその関数を呼び出せるようになります。

リスト16-9：ch16/test_param_gen.py

```
@pytest.mark.parametrize("variant", text_variants())
def test_summary(cards_db, variant):
    i = cards_db.add_card(Card(summary=variant))
    c = cards_db.get_card(i)
    assert c.summary == variant
```

次に、`text_variants()` を定義する必要があります。この関数はどのように定義してもよいですが、前節と同じようにディクショナリを使うことにします。そして、このディクショナリを使ってパラメータの値と ID が設定された pytest.param オブジェクトを生成します。

リスト16-10：ch16/test_param_gen.py

```
def text_variants():
    variants = {
        "Short": "x",
        "With Spaces": "x y z",
        "End in Spaces": "x ",
        "Mixed Case": "SuMmArY wItH MiXeD cAsE",
        "Unicode": "¡¢£¤¥¦§¨©ª«¬®¯°±²³´µ¶·¸¹º»¼½¾",
        "Newlines": "a\nb\nc",
        "Tabs": "a\tb\tc",
    }
    for key, value in variants.items():
        yield pytest.param(value, id=key)
```

text_variants() のコードでも固定のデータを使っていますが、そうしなければならないわけではありません。ファイルやデータベースから、あるいは API エンドポイントからデータを読み込むことも簡単にできます。不可能なことは何もありません。むしろ、制限となるのはコンピュータのメモリです。というのも、テストを開始する前の pytest のテスト収集フェーズでリスト全体が読み込まれるからです。

16.4 複数のパラメータを使う

ここまでのテストでは、テストまたはフィクスチャごとのパラメータのバリエーションは 1 つだけでした。しかし、複数のバリエーションを使うこともできます。たとえば、サマリー、所有者、状態のリストがあり、サマリー、所有者、状態のすべての組み合わせに対して cards_db.add_card() をテストしたいとしましょう。

リスト16-11：ch16/test_multiple.py

```
summaries = ["short", "a bit longer"]
owners = ["First", "First M. Last"]
states = ["todo", "in prog", "done"]
```

複数のパラメータを使い、それらのパラメータに合わせて値のタプルかリストを渡すという方法があります。次の例では、パラメータ名をコンマ（,）で区切った"summary, owner, state"形式のリストを使います。また、["summary", "owner", "state"] 形式の文字列のリストを使うこともできます。前者のリストのほうが少し入力の手間が省けます。

リスト16-12：ch16/test_multiple.py

```
@pytest.mark.parametrize(
    "summary, owner, state",
    [
        ("short", "First", "todo"),
        ("short", "First", "in prog"),
        # ...
    ],
)
def test_add_lots(cards_db, summary, owner, state):
    """Make sure adding to db doesn't change values."""
    i = cards_db.add_card(Card(summary, owner=owner, state=state))
    card = cards_db.get_card(i)

    expected = Card(summary, owner=owner, state=state)
    assert card == expected
```

組み合わせの数が少ない場合は、これでも十分です。

```
$ pytest test_multiple.py::test_add_lots -v
========================= test session starts ==========================
collected 2 items

test_multiple.py::test_add_lots[short-First-todo] PASSED          [ 50%]
test_multiple.py::test_add_lots[short-First-in prog] PASSED       [100%]

========================== 2 passed in 0.01s ===========================
```

しかし、すべての組み合わせをどうしてもテストしたい場合は、パラメータを積み重ねるのがベストな選択です。

リスト16-13：ch16/test_multiple.py

```
@pytest.mark.parametrize("state", states)
@pytest.mark.parametrize("owner", owners)
@pytest.mark.parametrize("summary", summaries)
def test_stacking(cards_db, summary, owner, state):
    """Make sure adding to db doesn't change values."""
    ...
```

要するにループを入れ子にするようなもので、一番下のマーカーから上に向かってパラメータをループ処理していきます。

```
$ pytest test_multiple.py::test_stacking -v
========================= test session starts ==========================
collected 12 items
```

```
test_multiple.py::test_stacking[short-First-todo] PASSED          [  8%]
test_multiple.py::test_stacking[short-First-in prog] PASSED       [ 16%]
test_multiple.py::test_stacking[short-First-done] PASSED          [ 25%]
......
test_multiple.py::test_stacking[a bit longer-First M. Last-done]
 PASSED                                                           [100%]

========================= 12 passed in 0.03s ==========================
```

サマリーが2つ、所有者が2つ、状態が3つあることから、テストケースの数は2×2×3＝12個になります。

16.5 間接的なパラメータ化を使う

本章で調べる最後のパラメータ化手法は、間接的なパラメータ化です。**間接的なパラメータ**（indirect parameter）とは、テスト関数に渡される前にフィクスチャに渡されるパラメータのことです。間接的なパラメータ化を利用すれば、パラメータの値に基づいて処理を行うことができます。

間接的なパラメータ化では、`indirect=["param1", "param2"]` のように、間接化したいパラメータの名前からなるリストを `indirect` に割り当てます。すべてのパラメータを間接化したい場合は、`indirect=True` にすることもできます。続いて、パラメータと同じ名前のフィクスチャを定義する必要があります。

例として、Cards アプリケーションを拡張し、ユーザーの役割に応じて異なるアクセス権を設定するとしましょう。この場合は、`user` パラメータを使ってテストをパラメータ化できます。

リスト16–14：ch16/test_indirect.py

```
@pytest.mark.parametrize(
    "user", ["admin", "team_member", "visitor"], indirect=["user"]
)
def test_access_rights(user):
    print(f"Test access rights for {user}")
```

リスト 16–14 では、`indirect=["user"]` を使って `user` を間接的なパラメータにしています。なお、`user` は唯一のパラメータなので、`indirect=True` でも OK です。さらに、`user` というフィクスチャが必要です。

リスト16-15：ch16/test_indirect.py

```
@pytest.fixture()
def user(request):
    role = request.param
    print(f"\nLog in as {role}")
    yield role
    print(f"\nLog out {role}")
```

パラメータ化されたフィクスチャのときと同じように、このフィクスチャでも request.param を使って値を取得することができます。

user パラメータの値ごとに、user フィクスチャが pytest によって呼び出されます。

```
$ pytest -s -v test_indirect.py
========================= test session starts ==========================
collected 3 items

test_indirect.py::test_access_rights[admin]
Log in as admin
Test access rights for admin
PASSED
Log out admin

test_indirect.py::test_access_rights[team_member]
Log in as team_member
Test access rights for team_member
PASSED
Log out team_member

test_indirect.py::test_access_rights[visitor]
Log in as visitor
Test access rights for visitor
PASSED
Log out visitor

========================== 3 passed in 0.01s ===========================
```

間接的なパラメータは、パラメータ化されたフィクスチャから値の一部を選択する目的にも利用できます。

● フィクスチャのパラメータの一部を選択する

user フィクスチャをリスト 16-16 のようにパラメータ化したとしましょう。

リスト16-16：ch16/test_subset.py

```
@pytest.fixture(params=["admin", "team_member", "visitor"])
def user(request):
    ...
```

ユーザーの役割をすべて使うテストでは、このフィクスチャをいつもと同じように使うことができます。

リスト16-17：ch16/test_subset.py

```
def test_everyone(user):
    ...
```

テストによっては、フィクスチャのパラメータの 1 つまたは一部だけが必要なこともあります。そのようなテストでも、このフィクスチャを使うことができます。

リスト16-18：ch16/test_subset.py

```
@pytest.mark.parametrize("user", ["admin"], indirect=["user"])
def test_just_admin(user):
    ...
```

これらのテストを両方とも実行すると、test_everyone() がすべての役割に対して実行され、test_just_admin() が admin の役割でのみ実行されます。

```
$ pytest -v test_subset.py
========================= test session starts ==========================
collected 4 items

test_subset.py::test_everyone[admin] PASSED                       [ 25%]
test_subset.py::test_everyone[team_member] PASSED                 [ 50%]
test_subset.py::test_everyone[visitor] PASSED                     [ 75%]
test_subset.py::test_just_admin[admin] PASSED                     [100%]

========================== 4 passed in 0.01s ===========================
```

間接的なパラメータは実質的にフィクスチャをパラメータ化する一方、パラメータの値をフィクスチャ関数ではなくテスト関数で管理できるようにします。このため、パラメータの値を変えながら同じフィクスチャを複数のテストで使うことができます。

● 必要に応じて間接的なパラメータを使うフィクスチャを作成する

最後に、間接的なパラメータのおもしろい使い方として、必要に応じて間接的なパラメータを使うフィクスチャを紹介します。この手法を利用すれば、パラメータ化されたテストとパラメータ化されていないテストの両方で同じフィクスチャを使うことができます。

この手法を利用するには、テストがパラメータ化されているかどうかを確認し、パラメータ化されていない場合はデフォルト値を使うフィクスチャが必要です。

リスト16-19：ch16/test_optional.py

```
@pytest.fixture()
def user(request):
    role = getattr(request, "param", "visitor")
    print(f"\nLog in as {role}")
    return role
```

リスト 16-19 では、`getattr(request, "param", "visitor")` を使って、テストがパラメータ化されているかどうかをチェックしています。テストがパラメータ化されている場合は、その値を pytest が `request.param` に割り当て、それを `getattr()` が取り出します。テストがパラメータ化されていない場合は、デフォルト値の`"visitor"`を使います。

パラメータ化されていないテストでは、`user` フィクスチャを使うことができます。

リスト16-20：ch16/test_optional.py

```
def test_unspecified_user(user):
    ...
```

`user` を `indirect` として指定するパラメータ化されたテストでも、同じフィクスチャを使うことができます。

リスト16-21：ch16/test_optional.py

```
@pytest.mark.parametrize(
    "user", ["admin", "team_member"], indirect=["user"]
)
def test_admin_and_team_member(user):
    ...
```

このようにして、パラメータ化されたテストでもパラメータ化されていないテストでも同じフィクスチャを使うことができます。

```
$ pytest -v -s test_optional.py
========================= test session starts ==========================
collected 3 items

test_optional.py::test_unspecified_user
Log in as visitor
PASSED
test_optional.py::test_admin_and_team_member[admin]
Log in as admin
PASSED
test_optional.py::test_admin_and_team_member[team_member]
```

```
Log in as team_member
PASSED

========================= 3 passed in 0.01s ==========================
```

なお、indirect 機能は pytest_generate_tests でも利用できます。

16.6 ここまでの復習

本章では、パラメータ化のおもしろさを堪能しました。ここでは以下の内容を取り上げました。

- パラメータの値としてデータ構造とオブジェクトを使う方法。それにより、番号が振られたテスト ID がどのように生成されるか
- ids パラメータと ID 関数（repr、str、カスタム関数、ラムダ式など）を使ってカスタム ID を作成する方法
- pytest.param の id 設定を識別子として使う方法
- ID のリストを使う方法と、ディクショナリを使ってテストケースと ID を管理する方法
- パラメータの値として関数を使うことで、テストの収集時に値を動的に作成する方法
- 複数のパラメータを使う方法と、パラメータ化のマーカーを積み上げてテスト行列を作成する方法
- 間接的なパラメータ化を使ってパラメータの値をフィクスチャからテスト関数に移動する方法

16.7 練習問題

本章では、さまざまな手法を駆け足で紹介しました。これらの手法を実際に試しておけば、それらが実際に必要になったときに思い出すのに役立つでしょう。

1. 本章を最初から読み、各手法のサンプルコードを理解してください。
2. それぞれの例で pytest を実行してください。
3. カスタム ID に関する手法をすべて理解できていることを確認してください。どの手法もいずれ役立つときがきます。

4. 16.4節でパラメータを積み重ねたときには、"summary"が一番下にあり、"state"が一番上にありました。それらの順序を逆にしてください。それにより、テストノードのIDにどのような影響がおよぶでしょうか。

16.8 次のステップ

自分のプロジェクトでpytestを試すための準備はすっかり整いました。本書のほとんどの内容を理解できているとしたら、がんばった証です。本書は盛りだくさんの内容でした。本書を読みながらサンプルコードを実際に試し、練習問題も解いているとしたら、pytestに関して標準を大きく上回る知識が身についているはずです。自分を褒めてください。それか、誰かにやさしく褒めてもらいましょう。

pytestは静的なツールではありません。pytestは動的なプロジェクトであり、pytestの品質を保ち、機能を追加するために、大勢のすばらしい人々が自発的に活動しています。ぜひpytestの最新情報をチェックしてみてください。筆者はこれからもpytestとソフトウェア開発、テスト、関連トピックについて筆者のブログ[2]で記事を書いていく予定です。また、ポッドキャスト（Test & Code[3]とPythonBytes[4]）もぜひチェックしてください。

さらに学んでいくうちに、自分が学んだことを共有したくなるでしょう。ブログ、ポッドキャスト、またはTwitter（@brianokken）[5]から筆者に遠慮なく連絡してください。すばらしい話やクールな技術はいつでも歓迎します！

[2] https://pythontest.com
[3] https://testandcode.com
[4] https://pythonbytes.fm
[5] https://twitter.com/brianokken

付録A

仮想環境

Pythonの仮想環境を利用すれば、Pythonサンドボックスをセットアップできます。Pythonサンドボックスでは、システムレベルのsite-packagesに配置されているものとは別に、必要なパッケージを独自にインストールできます。仮想環境を使う理由はさまざまです。たとえば、パッケージやバージョンの要件が異なる複数のサービスを同じPython環境で実行したい場合や、Pythonプロジェクトごとにパッケージ要件を別々に管理できると便利な場合があります。仮想環境なら、どちらも可能です。

Python 3.3以降では、仮想環境モジュールvenvが標準ライブラリの一部として含まれています。ただし、Linuxの一部のバージョンでは、venvでいくつかの問題が報告されています。venvで問題にぶつかった場合は、代わりにvirtualenvを使ってください。なお、最初にpip install virtualenvを実行することを忘れないでください。

venvを使うときの基本的なワークフローは次のとおりです。<ディレクトリ名>は仮想環境として使うディレクトリの名前です。

- **作成**
  - python -m venv <ディレクトリ名> [--prompt <プロジェクト名>]
- **起動**
  - **macOSとLinux**
    - source <ディレクトリ名>/bin/activate
  - **Windows**
    - <ディレクトリ名>¥Scripts¥activate.bat
  - **Windows（PowerShellの場合）**
    - <ディレクトリ名>¥Scripts¥Activate.ps1
- **終了**
  - 作業が済んだらdeactivateを実行

ディレクトリ名は自由に選択できますが、venvまたは.venvを使うのが慣例となっています。--promptパラメータはオプションであり、このパラメータを指定しない場合、プロンプトはディレクトリ名と同じになります。Python 3.9以降は、--prompt .（プロンプト名としてドットを使用）を指定すると、venv がプロンプトとして親ディレクトリを使います。

たとえば、macOS と Linux で仮想環境をセットアップする方法は次のようになります。

```
$ mkdir proj_name
$ cd proj_name
$ python3 -m venv venv --prompt .
$ source venv/bin/activate
(proj_name) $ which python
<proj_name へのパス>/venv/bin/python
... 何らかの作業を実行 ...
(proj_name) $ deactivate
```

Windows では、activate 行が少し異なります。cmd.exe の場合は次のようになります。

```
C:¥>mkdir proj_name
C:¥>cd proj_name
C:¥>python3 -m venv venv --prompt .
C:¥>venv¥Scripts¥activate.bat          ←
(proj_name) C:¥>
... 何らかの作業を実行 ...
(proj_name) C:¥>deactivate
```

PowerShell の場合は次のようになります。

```
PS C:¥>mkdir proj_name
PS C:¥>cd proj_name
PS C:¥>python3 -m venv venv --prompt .
PS C:¥>venv¥Scripts¥Activate.ps1       ←
(proj_name) PS C:¥>
... 何らかの作業を実行 ...
(proj_name) PS C:¥>deactivate
```

仮想環境が不要になった場合は、仮想環境ディレクトリを削除できます。

venv はさまざまなオプションを持つ柔軟なツールです。ここで見てもらったのは、venv の基礎と一般的なユースケースだけです。ぜひ python -m venv --help をチェックしてください。また、venv に関する Python のドキュメント[1] も一読の価値があります。仮想環境の作成に関して問題がある場合は、venv のドキュメントが参考になるかもしれません。たとえば、PowerShell の実行ポリシーに関する注意事項が記載されています。

[1] https://docs.python.org/3/library/venv.html

付録B

pip

pip は Python パッケージをインストールするためのパッケージマネージャーであり、Python 環境の一部としてインストールされます。pip は「Pip Installs Python」または「Pip Installs Packages」の頭字語とされています。Python の複数のバージョンをインストールしている環境では、それらのバージョンごとに pip がインストールされています。

デフォルトでは、pip install something を実行すると、pip が次の作業を行います。

1. PyPI リポジトリ[1] に接続する。
2. something という名前のパッケージを検索する。
3. Python のバージョンとシステムに適したバージョンの something をダウンロードする。
4. pip が呼び出された Python 環境の site-packages ディレクトリに something をインストールする。

pip が行うことをざっとまとめるとこんな感じになります。pip には、パッケージに定義されているスクリプトの実行やホイールキャッシュ[2] など、他にもすばらしい機能があります。

先に述べたように、pip は Python 環境ごとに存在します。仮想環境を使っている場合、pip と python は仮想環境の作成時に指定した Python のバージョンに従って自動的にリンクされます。仮想環境を使っていない状態で python3.9 や python3.10 といった Python の複数のバージョンをインストールしている場合は、pip を直接使うのではなく、python3.9 -m pip や python3.10 -m pip を使ったほうがよいでしょう。どちらの方法でも動作は同じです。

pip のバージョンと、pip に紐付けられている Python のバージョンを確認するには、pip --version を使います。

---

[1] https://pypi.org/

[2] **訳注**：pip のキャッシュディレクトリに wheels サブディレクトリがあり、そこにパッケージが含まれている場合、pip はそれらのパッケージを使う。

```
(venv) $ pip --version
pip 22.0.4 from<code へのパス>/venv/lib/python3.10/site-packages/pip (python
3.10)
```

pip が現在インストールしているパッケージを一覧表示するには、pip list を使います。もう必要ではなくなったパッケージ（something）がある場合は、pip uninstall something を使ってアンインストールできます。

```
(venv) $ pip list
Package    Version
---------- -------
pip        22.0.4
setuptools 57.4.0
(venv) $ pip install pytest
......
Installing collected packages: iniconfig, toml, pyparsing, py, pluggy, att
rs, packaging, pytest
Successfully installed ...
(venv) $ pip list
Package    Version
---------- -------
attrs      21.4.0
iniconfig  1.1.1
packaging  21.3
pip        22.0.4
pluggy     1.0.0
py         1.11.0
pyparsing  3.0.8
pytest     7.1.1
setuptools 57.4.0
toml       2.0.1
```

このように、pip は指定されたパッケージをインストールするだけではなく、依存パッケージのうちまだインストールされていないものもインストールします。

pip は非常に柔軟であり、GitHub、あなたが管理しているサーバー、共有ディレクトリからのインストールや、あなたが開発したローカルパッケージのインストールも可能です。

PyPI が配布しているパッケージのバージョン番号がわかっている場合は、pip を使ってパッケージの特定のバージョンをインストールすることもできます。

```
$ pip install pytest==7.1.1
```

pip を使って Git リポジトリから直接パッケージをインストールすることもできます。

```
$ pip install git+https://github.com/pytest-dev/pytest-cov
```

バージョンタグも指定できます。

```
$ pip install git+https://github.com/pytest-dev/pytest-cov@v2.12.1
```

ブランチも指定できます。

```
$ pip install git+https://github.com/pytest-dev/pytest-cov@master
```

Git リポジトリからのインストールは、作業内容を Git に格納している、または必要なプラグインやプラグインのバージョンが PyPI にない場合に特に役立ちます。

pip を使ってローカルパッケージをインストールすることもできます。

```
$ pip install <パッケージへのパス>
```

パッケージが置かれているのと同じディレクトリに移動している場合は、./<パッケージ名>を使ってください。

```
$ cd <my_package ディレクトリがあるディレクトリへのパス>
$ pip install my_package      # pip が PyPI で"my_package"を検索
$ pip install ./my_package    # pip がローカルで検索
```

Zip ファイルまたは wheel としてダウンロードされ、展開されていないパッケージも、pip を使ってインストールできます。

さらに、requirements.txt ファイルを使えば、多くのパッケージを一度にインストールできます。

```
(venv) $ cat requirements.txt
pytest==7.1.1
pytest-xdist==2.5.0
(venv) $ pip install -r requirements.txt
......
Successfully installed pytest-7.1.1 pytest-xdist-2.5.0
```

pip を使ってさまざまなバージョンのパッケージをローカルキャッシュにダウンロードしておくと、あとから（オフラインであっても）それらのパッケージを仮想環境にインストールできます。

pytestとその依存パッケージをすべてダウンロードする方法は次のようになります。

```
(venv) $ mkdir ~/.pipcache
(venv) $ pip download -d ~/pipcache pytest
Collecting pytest
......
Successfully downloaded pytest attrs pluggy py tomli iniconfig packaging p
yparsing
```

その後は、オフラインであっても、パッケージをローカルキャッシュからインストールできます。

```
(venv) $ pip install --no-index --find-links=~/pipcache pytest
Looking in links: /Users/okken/pipcache
......
Successfully installed attrs-21.4.0 iniconfig-1.1.1 packaging-21.3 pluggy-
1.0.0 py-1.11.0 pyparsing-3.0.8 pytest-7.1.1 tomli-2.0.1
```

toxや継続的インテグレーション（CI）のテストスイートを実行するような状況では、PyPIからパッケージを取得する必要がないので非常に便利です。また、筆者はこの方法を利用して、出張中の機内でもコーディングを行えるようにしています。

pipの詳細については、「Python Packaging User Guide」[3]が非常に参考になります。

[3] https://packaging.python.org/
https://github.com/pypa/packaging.python.org

索　引

■フラグ・オプション

■記号・数字

■A

■B

■C

■M

■N

■O

■P

■R

■S

■あ

■い

■え

■お

■か

■き

■く

■け

■こ

■し

■り

■る

装丁　会津勝久

[監修者紹介]

●安井力（やすい・つとむ）

通称やっとむ。フリーランスのアジャイルコーチ、ファシリテーターとして、数多くのIT企業を現場支援している。著書・訳書に『Joy, Inc.』（翔泳社）『スクラム現場ガイド』『アジャイルな見積りと計画づくり』（以上マイナビ出版）『Webアプリケーションテスト手法』（毎日コミュニケーションズ）など。アジャイル、テスト駆動開発、Pythonとは10年以上のつきあい。合同会社やっとむ屋代表。

テスト駆動（くどう）Python（ぱいそん）　第2版（だいにはん）

2022年08月30日　初版第1刷発行

著　者	Brian Okken（ブライアン・オッケン）
監　修	安井力（やすい・つとむ）
監　訳	株式会社クイープ
発行人	佐々木幹夫
発行所	株式会社翔泳社（https://www.shoeisha.co.jp/）
印刷・製本	三美印刷株式会社

本書へのお問い合わせについては、iiページに記載の内容をお読みください。

落丁・乱丁はお取り替え致します。03-5362-3705までご連絡ください。

ISBN978-4-7981-7745-8　Printed in Japan